U0181052

海洋深水油气田开发工程技术丛书

丛书主编　　　曾恒一

丛书副主编　　谢　彬　李清平

深水海底管道和立管工程技术

曹　静　张恩勇　等
著

上海科学技术出版社

图书在版编目（CIP）数据

深水海底管道和立管工程技术 / 曹静等著. -- 上海：
上海科学技术出版社，2021.3
（海洋深水油气田开发工程技术丛书）
ISBN 978-7-5478-5284-2

Ⅰ．①深… Ⅱ．①曹… Ⅲ．①海上油气田－水下管道
－海底铺管－工程技术 Ⅳ．①TE973.92

中国版本图书馆CIP数据核字(2021)第048071号

深水海底管道和立管工程技术
曹 静 张恩勇 等 著

上海世纪出版(集团)有限公司
上海 科 学 技 术 出 版 社　出版、发行
（上海钦州南路 71 号 邮政编码 200235 www.sstp.cn）
上海雅昌艺术印刷有限公司印刷
开本 787×1092 1/16 印张 11.75
字数 255 千字
2021 年 3 月第 1 版 2021 年 3 月第 1 次印刷
ISBN 978 - 7 - 5478 - 5284 - 2/TE·8
定价：98.00 元

内 容 提 要

　　本书主要介绍了国家科技重大专项课题"深水海底管道和立管工程技术"在深水立管设计和产品国产化方面的部分研究成果。全书分为三部分：第一部分介绍了国内外深水海底管道和立管工程技术的发展现状；第二部分主要介绍了深水立管设计和产品国产化方面的研究成果，首先是深水立管型式和设计基础文件内容，其次是顶张竖立管、钢悬链立管、柔性立管和混合立管四种典型深水立管型式的设计方法，最后是保温输油柔性管和湿式保温管国产化方面取得的研究成果及工程应用；第三部分对深水海底管道和立管工程技术发展趋势进行了展望，提出了我国深水海底管道和立管面临的挑战和攻关方向。

　　本书主要面向海底管道和立管专业的研究人员，可为开展深水海底管道和立管设计与研究提供参考。

丛书编委会

主　编　曾恒一
副主编　谢　彬　李清平
编　委　（按姓氏笔画排序）

马　强　王　宇　王　玮　王　清　王世圣
王君傲　王金龙　尹　丰　邓小康　冯加果
朱小松　朱军龙　朱海山　伍　壮　刘　健
刘永飞　刘团结　刘华清　闫嘉钰　安维峥
许亮斌　孙　钦　杜宝银　李　阳　李　博
李　焱　李丽玮　李峰飞　李梦博　李朝玮
杨　博　肖凯文　吴　露　何玉发　宋本健
宋平娜　张　迪　张　雷　张晓灵　张恩勇
陈海宏　呼文佳　罗洪斌　周云健　周巍伟
庞维新　郑利军　赵晶瑞　郝希宁　侯广信
洪　毅　姚海元　秦　蕊　袁俊亮　殷志明
郭　宏　郭江艳　曹　静　盛磊祥　韩旭亮
喻西崇　程　兵　谢文会　路　宏　裴晓梅

专家委员会

丛书序

目前,海洋能源资源已成为全球可持续发展主流能源体系的重要组成部分。海洋蕴藏了全球超过 70% 的油气资源,全球深水区最终潜在石油储量高达 1 000 亿桶,深水是世界油气的重要接替区。近 10 年来,人们新发现的探明储量在 1 亿 t 以上的油气田 70% 在海上,其中一半以上又位于深海,深水区一直是全球能源勘探的前沿区和热点区,深水油气资源成为支撑世界石油公司未来发展的新领域。

当前我国能源供需矛盾突出,原油、天然气对外依存度逐年攀升,原油对外依存度已经超过 70%,天然气的对外依存度已经超过 45%。加大油气勘探开发力度,强化油气供应保障能力,构建全面开放条件下的油气安全保障体系,成为当务之急。党的十九大报告提出"加快建设海洋强国"战略部署,实现海洋油气资源的有效开发是"加快建设海洋强国"战略目标的重要组成部分。习近平总书记在全国科技"三会"上提出"深海蕴藏着地球上远未认知和开发的宝藏,但要得到这些宝藏,就必须在深海进入、深海探测、深海开发方面掌握关键技术"。加快发展深水油气资源开发装备和技术不仅是国家能源开发的现实需求,而且是建设海洋强国的重要内容,也是维护我国领海主权的重要抓手,更是国家综合实力的象征。党的十九届五中全会指出,"坚持创新在我国现代化建设全局中的核心地位,把科技自立自强作为国家发展的战略支撑",是以习近平同志为核心的党中央把握大势、立足当前、着眼长远作出的战略布局,对于我国关键核心技术实现重大突破、促进创新能力显著提升、进入创新型国家前列具有重大意义。

我国深海油气资源主要集中在南海,而南海属于世界四大海洋油气聚集中心之一,有"第二个波斯湾"之称。南海海域水深在 500 m 以上区域约占海域总面积的 75%,已发现含油气构造 200 多个、油气田 180 多个,初步估计油气地质储量约为 230 亿~300 亿 t,约占我国油气资源总量的 1/3,同时南海深水盆地的地质条件优越,因此南海深水区油气资源开发已成为中国石油工业的必然选择,是我国油气资源接替的重要远景区。

深水油气田的开发需要深水油气开发工程装备和技术作为支撑和保障。我国海洋石油经过近 50 年的发展,海洋工程实践经验仅在 300 m 水深之内,但已经具备了 300 m 以内水深油气田的勘探、开发和生产的全套能力,在 300 m 水深的工程设计、建造、安装、运行和维护等方面与国外同步。在深水油气开发方面,我国起步较晚,与欧美发达国家还存在较大差距。当前面临的主要问题是海洋环境及地质调查数据不足,工程设计、建造和施工技术匮乏,安装资源不足,缺少工程经验,难以满足深水油气开发需求,所以迫切需要加强对海洋环境和工程地质技术、深水平台工程设计及施工技术、水下生产系统工程技术、深水流动安全保障控制技术、海底管道和立管工程设计及施工技术、新型开发装置工程技术等关键技术研究,加强对深水施工作业装备的研制。

2008 年,国家科技重大专项启动了"海洋深水油气田开发工程技术"项目研究。该项目由中海油研究总院有限责任公司牵头,联合国内海洋工程领域 48 家企业和科研院所组成了 1 200 人的产学研用一体化研发团队,围绕南海深水油气田开发工程亟待解决的六大技术方向开展技术攻关,在深水油气田开发工程设计技术、深海工程实验系统和实验模拟技术、深水工程关键装置/设备国产化、深水工程关键材料和产品国产化以及深水工程设施监测系统等方面取得标志性成果。如围绕我国南海荔湾 3 - 1 深水气田群、南海流花深水油田群及陵水 17 - 2 深水气田开发过程中遇到的关键技术问题进行攻关,针对我国深水油气田开发面临的诸多挑战问题和主要差距(缺乏自主知识产权的船型设计,核心技术和关键设备仍掌握在国外公司手中;深水关键设备全部依赖进口;同时我国海上复杂的油气藏特性以及恶劣的环境条件等),在涵盖水面、水中和海底等深水油气田开发工程关键设施、关键技术方面取得突破,构建了深水油气田开发工程设计技术体系,形成了 1 500 m 深水油气田开发工程设计能力;突破了深水工程实验技术,建成了一批深水工程实验系统,形成国内深水工程实验技术及实验体系,为深水工程技术研究、设计、设备及产品研发等提供实验手段;完成智能完井、水下多相流量计、保温输送软管、水下多相流量计等一批具有自主知识产权的深水工程装置/设备样机和产品研制,部分关键装置/设备已经得到工程应用,打破国外垄断,国产化进程取得实质性突破;智能完井系统、水下多相流量计、水下虚拟计量系统、保温输油软管等获得国际权威机构第三方认证;成功研制四类深水工程设施监测系统,并成功实施现场监测。这些研究成果成功应用于我国荔湾周边气田群、流花油田群和陵水 17 - 2 深水气田工程项目等南海以及国外深水油气田开发工程项目,支持了我国南海 1 500 m 深水油气田开发工程项目的自主设计和开发,引领国内深水工程技术发展,带动了我国海洋高端产品制造能力的快速发展,支撑了国家建设海洋强国发展战略。

"海洋深水油气田开发工程技术丛书"由国家科技重大专项"海洋深水油气田开发工程技术(一期)"项目组长曾恒一院士和"海洋深水油气田开发工程技术(二期、三期)"项目组长谢彬作为主编和副主编,由"深水钻完井工程技术""深水平台技术""水下生产技术""深水流动安全保障技术"和"深水海底管道和立管工程技术"5 个课题组长作为分册主编,是我国首套全面、系统反映国内深水油气田开发工程装备和高技术领域前沿研究和先进技术成果的专业图书。丛书集中体现海洋深水油气田开发工程领域自"十一五"到"十三五"国家科技重大专项研究所获得的研究成果,关键技术来源于工程项目需求,研究成果成功应用于工程项目,创新性研究成果涉及设计技术、实验技术、关键装备/设备、智能化监测等领域,是产学研用一体化研究成果的体现,契合国家海洋强国发展战略和创新驱动发展战略,对于我国自主开发利用海洋、提升海洋探测及研究应用能力、提高海洋产业综合竞争力、推进国民经济转型升级具有重要的战略意义。

中国科协副主席
中国工程院院士

丛书前言

　　加快我国深水油气田开发的步伐,不仅是我国石油工业自身发展的现实需要,也是全力保障国家能源安全的战略需求。中海油研究总院有限责任公司经过 30 多年的发展,特别是近 10 年,已经建成了以"奋进号""海洋石油 201"为代表的"五型六船"深水作业船队,初步具备深水油气勘探和开发的能力。国内荔湾 3-1 深水气田群和流花油田群的成功投产以及即将投产的陵水 17-2 深水气田,拉开了我国深水油气田开发的序幕。但应该看到,我国在深水油气田开发工程技术方面的研究起步较晚,深水油气田开发处于初期阶段,国外采油树最大作业水深 2 934 m,国内最大作业水深仅 1 480 m;国外浮式生产装置最大作业水深 2 895.5 m,国内最大作业水深 330 m;国外气田最长回接海底管道距离 149.7 km,国内仅 80 km;国外有各种类型的深水浮式生产设施 300 多艘,国内仅有在役 13 艘浮式生产储油卸油装置和 1 艘半潜式平台。此表明无论在深水油气田开发工程技术还是装备方面,我国均与国外领先水平存在巨大差距。

　　我国南海深水油气田开发面临着比其他海域更大的挑战,如海洋环境条件恶劣(内波和台风)、海底地形和工程地质条件复杂(大高差)、离岸距离远(远距离控制和供电)、油气藏特性复杂(高温、高压)、海上突发事故应急救援能力薄弱以及南海中南部油气开发远程补给问题等,均需要通过系统而深入的技术研究逐一解决。2008 年,国家科技重大专项"海洋深水油气田开发工程技术"项目启动。项目分成 3 期,共涉及 7 个方向:深水钻完井工程技术、深水平台工程技术、水下生产技术、深水流动安全保障技术、深水海底管道和立管工程技术、大型 FLNG/FDPSO 关键技术、深水半潜式起重铺管船及配套工程技术。在"十一五"期间,主要开展了深水钻完井、深水平台、水下生产系统、深水流动安全保障、深水海底管道和立管等工程核心技术攻关,建立深水工程相关的实验手段,具备深水油气田开发工程总体方案设计和概念设计能力;在"十二五"期间,持续开展深水工程核心技术研发,开展水下阀门、水下连接器、水下管汇及水下控制系统等关键设备,以及保温输送软管、湿式保温管、国产 PVDF 材料等产品国产化研发,具备深水油气田开发工程基本设计能力;在"十三五"期间,完成了深水油气田开发工程应用技术攻关,深化关键设备和产品国产化研发,建立深水油气田开发工程技术体系,基本实现了深水工程关键技术的体系化、设计技术的标准化、关键设备和产品的国产化、科研成果的工程化。

　　为了配合和支持国家海洋强国发展战略和创新驱动发展战略,国家科技重大专项"海洋深水油气田开发工程技术"项目组与上海科学技术出版社积极策划"海洋深水油气田开发工程技术丛书",共 6 分册,由国家科技重大专项"海洋深水油气田开发工程技术(一期)"项目组长曾恒一院士和"海洋深水油气田开发工程技术(二期、三期)"项目组长谢彬作为主编和副主编,由"深水钻完井工程技术""深水平台技术""水下生产技术""深水流动安全保障技术"和"深水海底管道和立管工程技术"5 个课题组长作为分册主编,由相关课题技术专家、技术骨干执笔,历时 2 年完成。

　　"海洋深水油气田开发工程技术丛书"重点介绍深水钻完井、深水平台、水下生产系统、深水流动安全保障、深水海底管道和立管等工程核心技术攻关成果,以集中体现海洋深水油气田开发工程领域自"十一五"到"十三五"国家科技重大专项研究所获得的研究成果,编写材料来源于国家科技重大专项课题研究报告、论文等,内容丰富,从整体上反映了我国海洋深水油气田开发工程领域的关键技术,但个别章节可能存在深度不够,不免会有一些局限性。另外,研究内容涉及的专业面广、专业性强,在文字编写、书面表达方面难免会有疏漏或不足之处,敬请读者批评指正。

中国工程院院士　曾恒一

致 谢 单 位

中海油研究总院有限责任公司

中海石油深海开发有限公司

中海石油(中国)有限公司湛江分公司

海洋石油工程股份有限公司

海洋石油工程(青岛)有限公司

中海油田服务股份有限公司

中海石油气电集团有限责任公司

中海油能源发展股份有限公司工程技术分公司

中海油能源发展股份有限公司管道工程分公司

湛江南海西部石油勘察设计有限公司

中国石油大学(华东)

中国石油大学(北京)

大连理工大学

上海交通大学

天津市海王星海上工程技术股份有限公司

西安交通大学

天津大学

西南石油大学

深圳市远东石油钻采工程有限公司

吴忠仪表有限责任公司

南阳二机石油装备集团股份有限公司

北京科技大学

华南理工大学

西安石油大学

中国科学院力学研究所

中国科学院海洋研究所

长江大学

中国船舶工业集团公司第七〇八研究所

大连船舶重工集团有限公司

深圳市行健自动化股份有限公司

兰州海默科技股份有限公司

中船重工第七一九研究所

浙江巨化技术中心有限公司

中船重工(昆明)灵湖科技发展有限公司

中石化集团胜利石油管理局钻井工艺研究院

浙江大学

华北电力大学

中国科学院金属研究所

西北工业大学

上海利策科技有限公司

中国船级社

宁波威瑞泰默赛多相流仪器设备有限公司

本书编委会

主　编　曹　静

副主编　张恩勇

编　委　（按姓氏笔画排序）

王金龙　刘团结　刘华清　杜宝银　李丽玮

宋平娜　张　迪　张晓灵　周巍伟　裴晓梅

前　言

我国南海深水区蕴藏着丰富的油气资源,是我国未来油气资源开发的主要接续区。迅速提高我国深水油气田开发工程技术,形成南海深水油气资源自主开发能力,对保障国家能源安全、建设海洋强国至关重要。为此,国家科技重大专项设立"海洋深水油气田开发工程技术"项目,从"十一五"开始对深水油气田开发关键技术进行研究,深水海底管道和立管工程技术是主要研究内容之一。

重大专项"深水海底管道和立管工程技术"课题研究从"十一五"延续到"十三五",研究内容涉及深水海底管道和立管设计技术、制造技术、试验技术、监测和检测技术。通过研究,形成了深水顶张紧立管、钢悬链立管和柔性立管设计指南,开发了立管涡激振动、疲劳和海底管道屈曲试验装置、试验程序,研制了水下结构气体泄漏监测系统和超声导波海底管道检测样机,实现了保温输油柔性管和湿式保温管国产化,取得了丰硕的成果。

本书介绍了重大专项"深水海底管道和立管工程技术"课题的部分研究成果。首先,介绍了国内外深水海底管道和立管工程技术的发展现状;其次,介绍了深水立管设计和产品国产化方面的研究成果,尤其详细介绍了顶张紧立管、钢悬链立管、柔性立管和混合立管四种典型深水立管型式的设计方法,以及保温输油柔性管、湿式保温管国产化;最后,对深水海底管道和立管工程技术的发展趋势进行了展望。

本书是重大专项"深水海底管道和立管工程技术"课题组全体研究人员共同努力的结晶,在此对所有参研人员在本书编写过程中的辛勤付出表示诚挚的感谢。

由于编者水平有限,书中难免有描述不妥之处,希望读者不吝赐教指正。

编　者
2020 年 7 月

目　录

第1章 深水海底管道和立管工程技术发展现状

近年来,随着全球经济不断发展,陆上和浅水油气资源开发已无法满足人们对石油能源的需求,人们将目光投向油气资源储藏丰富的深水海域。根据能源咨询公司Rystad Energy 发布的研究报告,2018 年发现的世界十大油气田中,有 9 个来自海上,而这 9 个海上油气田中有 7 个来自深水区,其中 5 个水深接近或超过 2 000 m,深水已成为海上油气资源勘探开发的重点。

在海上油气田开发中,海底管道和立管始终扮演着重要的角色,担负着海底油气集输、化学药剂注入、注水、注气等任务,被喻为海上油气田开发的生命线。近年来,随着海上油气田开发不断向深远海推进,海底管道和立管应用水深不断增加,推动深水海底管道和立管工程技术快速发展,目前 3 000 m 水深以内海底管道和立管工程技术已渐趋成熟,在西非、墨西哥湾、巴西等海域的大量工程项目中得到应用。图 1-1 是墨西哥湾Stone 油田开发示意图,Stone 油田水深达到 2 900 m,它采用"浮式生产储油卸油装置(floating production storage and offloading,FPSO)+水下生产系统"开发模式,利用缓波形柔性立管将来自水下井口的油气输送到 FPSO 上进行处理。

图 1-1　墨西哥湾 Stone 油田开发示意图

同浅水海底管道和立管相比,深水海底管道和立管面临的环境条件更加恶劣,对海底管道和立管的设计、制造、铺设安装等技术提出许多挑战,这些挑战主要表现在以下方面:

① 深水恶劣环境条件下立管设计问题。

② 水深增加带来的管道压溃问题。

③ 高温高压油藏带来的管道屈曲问题。

④ 海底低温环境带来的管道保温问题。

⑤ 深水大尺寸厚壁管道铺设问题。

从 20 世纪 70 年代开始进行深水油气资源开发，人们就致力于解决这些挑战，经过近 50 年对深水油气资源的开发，在深水海底管道和立管工程设计、制造、铺设安装、监测检测、试验测试等方面积累了大量经验，形成了许多先进的技术和装备。

1.1 国外深水海底管道和立管工程技术发展现状

目前国际上已经建立了比较完备的深水海底管道和立管工程技术体系。国际标准化协会(ISO)、挪威船级社(DNV)、美国石油学会（API）、法国国际检验局（BV）等国际组织和机构颁布了许多深水海底管道和立管标准规范，为深水海底管道和立管工程设计、制造、铺设安装、检测维修等提供指导。由于一些问题在标准规范中并没有详细说明，国外许多公司如法国的 TechnipFMC、Total，澳大利亚的 WorleyParsons 等公司，基于公司多年的工程经验，编制了公司内部的深水海底管道和立管工程指南，指导公司开展深水海底管道和立管工程建设。为了提高效率，国际上许多公司开发了一些专业分析软件，如 Orcina 公司的 OrcaFlex、Wood Group MCS 公司的 Flexcom、美国麻省理工学院的 Shear7 等，这些软件能够模拟深水海底管道和立管在复杂环境条件下的受力状况，帮助工程师完成深水海底管道和立管工程设计分析。

在深水油气田开发中，浮式平台取代固定平台，深水立管无法像浅水立管那样固定在平台上，只能悬挂在浮式平台上，受外界环境条件和浮体运动影响非常大。为了适应深水油气田开发，国外公司提出了许多深水立管型式，这些立管型式很多已应用到实际工程中。钢悬链立管（steel catenary riser，SCR）、顶张紧立管（top tension riser，TTR）、柔性立管和混合立管是目前世界深水油气田开发中四种典型的立管型式（图 1 - 2），这四种立管型式在墨西哥湾、西非、巴西、北海等海域得到广泛应用。

深水高静水压力增加了海底管道发生压溃破坏的风险，为了提高管道抵抗屈曲压溃能力，厚壁钢管被越来越多地用于深水海底管道和立管工程中，管道的径厚比越来越小，例如墨西哥湾水深 1 412 m 的 ITP（independence trail pipeline）管道最小径厚比仅

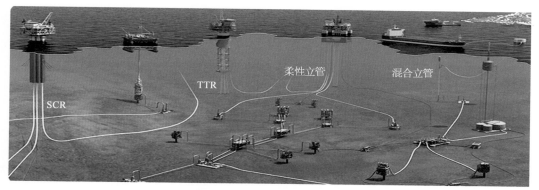

图 1-2　典型深水立管型式

为 17.8,远小于浅水海底管道平均径厚比 25～30。厚壁钢管虽然有效提高管道抗屈曲压溃能力,但厚壁钢管对钢管制造工艺、焊接工艺提出更高要求,而且厚壁钢管过大的重量增加了水面浮体负载,影响浮体稳性设计,对铺管船张紧器能力也提出更高要求。

为了解决厚壁钢管应用面临的问题,高强钢逐渐被用于深水海底管道和立管,通过提高管材强度来降低钢管壁厚。目前在深水海底管道和立管工程中应用最多的仍然是 API X65 管材,但 API X70 高强钢已在许多油气田开发中得到应用,如从挪威到英国全长 1 173 km 的世界上最长的 Langeled 天然气海底管道就采用 API X70 高强钢,API X80 及更高性能管材工程应用的可行性也正在进行评估。制约高强钢在深水海底管道和立管应用的主要问题是可焊性较差,这是由于合金成分增加,高强钢焊接性能发生很大变化,容易出现焊接冷裂纹、焊接热影响区软化等问题,在海上焊接条件较差的情况下,很难获得优质焊接接头。除了高强钢外,一些新型材料如钛合金,由于具有高强轻质、耐腐蚀性好的特点,也被用于制造深水海底管道和立管,但是钛合金昂贵的价格制约了它的应用,目前主要用于一些强度要求非常高的接头制造中。

除了刚性管外,柔性管由于具有良好的动态性能、耐腐蚀性、便于铺设安装等优点,在深水海底管道和立管中也得到广泛应用。截至 2017 年,全球海洋油气柔性管使用量累计达到 15 341 km,其中 57.4% 用于水深超过 300 m 的油气田开发。海洋油气开发用柔性管有多种结构型式,其中应用最多的是非粘结金属和非金属复合柔性管。柔性管制造工艺复杂,技术要求高,价格昂贵。除了价格因素外,制约柔性管应用的主要因素还有制造能力。目前世界上能够制造的非粘结柔性管最大内径仅为 22″,承受最大内压为 138 MPa,承受最高温度为 170℃,与刚性管相比存在很大差距。为了适应深水油气田开发,需要不断提高非粘结柔性管的制造能力。

深水海底管道和立管主要利用铺管船进行铺设,根据铺设时的管道形状,铺管船可以分为 S 形、J 形和卷管铺管船,如图 1-3 所示。S 形铺管船和 J 形铺管船用于刚性管铺设,卷管铺管船可用于刚性管和柔性管铺设。卷管铺管船只适用于直径较小的管道铺设,S形和J形铺管船可以铺设直径较大的管道,在深水海底管道和立管铺设中应用较多。利用S形铺管船进行管道铺设时,管道上部拱弯区和下部垂弯区局部受力较大。随着水深增加,问题更加严重,增加托管架长度虽然能解决问题,但托管架过长会影响铺管船稳定性并需要更大的甲板面积置放托管架。J形铺管船利用接近垂直的塔架将管道铺设到海底,避免了S形铺管船铺设管道局部受力过大的问题。尽管目前一些S形铺管船也能够实现3 000 m水深海底管道和立管的铺设,但J形铺管船无疑更适合深水和超深水海底管道和立管铺设,代表着将来深水铺管船的发展方向。TechnipFMC、Heerema和Saipem等国际著名海洋工程公司都拥有可铺设3 000 m水深的J形铺管船。除了利用铺管船铺设外,还可以利用拖轮将陆上制造基地焊接好的整条海底管道或整根立管浮拖到海上深水油气田进行铺设。由于海上深水油气田通常距离陆上制造基地较远,浮拖风险较大,这种方法采用较少。

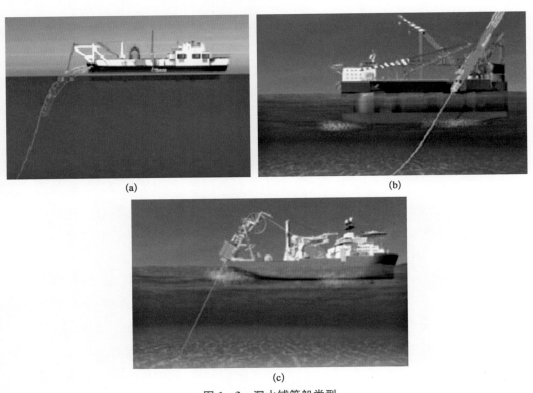

(a)   (b)

(c)

图1-3 深水铺管船类型

(a) S形铺管船;(b) J形铺管船;(c) 卷管铺管船

深水海底管道和立管运行环境复杂,不确定因素较多,受目前认知的局限,无法单单从设计上完全保证整个深水油气开发周期内海底管道和立管的安全,定期检测和实时监测仍是保证深水海底管道和立管安全的有效措施,DNVGL、API等标准规范都要求对深水海底管道和立管进行定期检测。目前深水海底管道和立管的检测方法主要是利用清管器进行海底管道和立管内检,潜水员目测或利用无人遥控潜水器(remotely operated vehicle,ROV)携带仪器进行海底管道和立管外检。定期检测无法实时获得海底管道和立管安全信息,无法做到及时发现并排除安全隐患,实时监测能够在一定程度上弥补定期检测的不足,还可以利用监测数据验证深水海底管道和立管设计方法的准确性,因此深水海底管道和立管特别是深水立管实时监测技术非常受重视。目前国际上对深水海底管道和立管监测技术研究较多的有英国 2H Offshore、英国 BMT、挪威 Kongsberg 等公司,这些公司都针对深水海底管道和立管开发了监测系统,重点对深水海底管道和立管危险位置如 TTR 顶部、SCR 上部悬挂区和底部触地区、柔性立管聚合物层和环空、混合立管顶部等进行监测。图 1-4 是 2H Offshore 公司设计的深水海底管道和 SCR 监测系统,该系统能够对风浪流环境参数、立管悬挂位置张力和疲劳、立管涡激振动和波激疲劳、立管触地区管土相互作用、海底管道侧向屈曲和轴向移动进行监测。

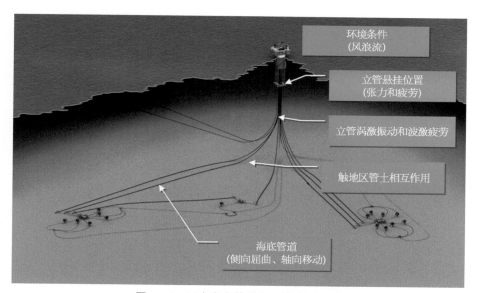

环境条件
(风浪流)

立管悬挂位置
(张力和疲劳)

立管涡激振动和波激疲劳

触地区管土相互作用

海底管道
(侧向屈曲、轴向移动)

图 1-4　深水海底管道和立管监测系统

　　为了掌握深水海底管道和立管在深水环境条件下的运动规律和失效机理,国内外许多公司、研究机构和高校开展了大量的试验研究。如英国 2H Offshore 公司在河道对 SCR 触地区疲劳问题及在海上对立管涡激振动进行了研究;挪威 Marinteck 公司和上海交通大学在室内水池对不同流态下深水立管涡激振动问题进行了深入研究;巴西国家石油公司建立了高约 30 m 的立管疲劳试验装置,对深水立管疲劳问题进行了研究;天津大学研制了耐压高达 110 MPa 的深水压力舱,对海底管道屈曲规律进行了研究。目前深水海底管道和立管试验技术体系已经基本建立,试验研究所取得的大量成果为开发深水海底管道和立管设计分析方法,以及验证和改进已有的深水海底管道和立管设计分析方法提供支持。当然目前仍有一些深水海底管道和立管问题未被很好认识,如立管在反向剪切流作用下的涡激振动问题,需要不断提高和改进试验技术、试验装备来更加精确地模拟深水海底管道和立管真实状态。

1.2　我国深水海底管道和立管工程技术发展现状

我国南海油气资源储量丰富,约占全国油气总资源量的 1/3,达到 350 亿 t,其中 70% 在深水海域。随着我国陆上和浅水油气资源几十年的快速开发,持续增产潜力不足,南海深水油气资源将是我国未来能源的主要接续,大力开发南海深水油气资源对保障我国能源安全、建设海洋强国至关重要。

我国的深水油气田开发始于 20 世纪 90 年代的流花 11-1 油田,该油田采用"半潜式平台(SEMI-FPS)+水下井口+FPSO"开发模式,利用柔性海底管道和柔性立管将海底油气回输到 FPSO 上进行处理,如图 1-5 所示。流花 11-1 油田开发首创了浮式生产平台支持下的悬链线柔性立管系统、井间短跨接软管等先进技术。之后由于缺乏

图 1-5　流花 11-1 油田工程设施图

深水工程项目,我国深水海底管道和立管工程技术进展缓慢,主要通过科研项目对深水海底管道和立管工程技术开展研究。随着荔湾 3-1 深水气田开发,特别是近年来流花16-2 油田群和陵水 17-2 气田相继开发,极大地推动了我国深水海底管道和立管工程技术发展。

荔湾 3-1 气田在 2006 年被发现,是我国南海第一个水深达 1 500 m 的深水气田。该气田 2009 年开始开发,2014 年投产,采用水下井口回接到浅水固定平台开发方案(图1-6),该开发方案没有深水立管,只有深水海底管道。荔湾 3-1 气田开发推动了国内深水海底管道设计、制造和安装技术进步。"海洋石油 201"起重铺管船完成了水深1 409 m 6″海底管道铺设,创造了国内海底管道铺设最深纪录。荔湾 3-1 气田海底管道钢管全部由国内厂家供货,并首次实现了 API X70 高强钢在国内海底管道上的工程应用,用于荔湾 3-1 中心平台(CEP)至陆上终端的 30″海底输气管道,管道设计压力23.9 MPa,最大壁厚 31.8 mm。

图 1-6　荔湾 3-1 气田开发示意图

流花 16-2 油田水深达 400 m,在 2010 年被发现,2012 年开始开发。在前期研究及前端工程设计阶段都采用张力腿平台(TLP)开发方案,利用 TTR 将海底油气回输到TLP 上,后来因周边流花 20-2 油田和流花 21-2 油田发现需联合开发而改为水下井口回接 FPSO 的开发方案(图 1-7),立管型式也由 TTR 改为柔性立管。联合开发中的流花 20-2 油田和流花 16-2 油田分别在 2020 年 9 月和 10 月实现投产,流花 21-2 油田计划在 2021 年实现投产。虽然该项目最终没有采用 TTR,但通过该项目前期和FEED 阶段研究,国内首次比较系统地开展了 TTR 设计,提高了 TTR 设计能力。

陵水 17-2 气田是国内自营深水勘探的首个重大油气发现,平均水深达 1 500 m,该

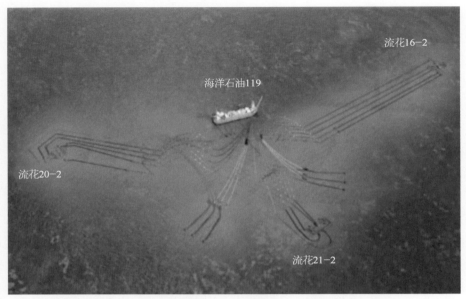

图 1-7 流花 16-2、流花 20-2、流花 21-2 油田联合开发方案

气田在 2014 年被发现,2016 年开始开发,计划 2021 年投产。陵水 17-2 气田采用"半潜式生产储油平台+水下生产系统+干气接入主干管网"开发方案(图 1-8),利用 SCR 将海底油气回输到半潜式生产储油平台,这是国内首个 SCR 工程项目,采用自由悬挂 SCR 型式。2020 年 5 月,"海洋石油 201"起重铺管船成功完成了陵水 17-2 气田 E3 至 E2 南侧海底管线铺设,水深达到 1 542 m,创造了我国海底管道铺设新纪录。随着陵水 17-2 气田建设推进,国内的深水海底管道和立管工程技术将得到进一步提高。

图 1-8 陵水 17-2 气田开发示意图

近年来在荔湾、流花、陵水等工程项目及各级科研项目推动下，国内的深水海底管道和立管工程技术得到快速提高，取得了许多成果，但也存在一些问题和不足。

在深水海底管道和立管设计技术方面，目前国内基本具备了深水海底管道设计能力，初步具备了 SCR 和 TTR 设计能力，对于柔性立管和混合立管设计方法也通过科研项目开展了研究。但与国外 TechnipFMC 等公司差距明显，主要差距在于缺乏工程设计经验，还没有形成深水海底管道和立管工程技术体系。

在深水海底管道和立管制造技术方面，取得了一些突破，但关键部件"卡脖子"问题依然非常突出。如基本实现了海底管道管材国产化，但深水立管管材和柔性接头等附件对制造工艺要求很高，国内还不具备制造能力；已经具备了 500 m 水深静态柔性管制造能力，国产静态柔性管在浅水油气田已应用超过 100 km，但还没深水应用，动态柔性管正在研发中；实现了含玻璃微珠复合聚氨酯（GSPU）湿式保温管国产化，并应用在蓬莱 19 - 3 油田浅水海底管道，其深水适用性仍需要实际工程检验，对聚丙烯湿式保温管技术目前国内还没有开展研究；研制了立管涡激振动螺旋侧板抑制装置，但其效果有待实际工程应用检验。

在深水海底管道和立管铺设安装技术方面，目前国内在小管径深水海底管道铺设方面具有一定的经验，但缺乏大管径海底管道铺设和深水立管安装经验，没有 J 形铺管船。

在深水海底管道和立管监测、检测技术方面，国内已经开展了一些研究，如水下结构气体泄漏监测技术研究、柔性管光纤监测技术研究等，取得了一些成果，但还没有形成一个完整的监测和检测体系。国内浅水海底管道已经建立了一套相对完善的运营维保技术，这些技术可以借鉴用于深水海底管道和立管监测、检测中。

在深水海底管道和立管试验技术方面，国内从"十一五"开始对深水立管涡激振动和深水海底管道屈曲问题进行了较为系统的试验研究，开发了深水立管涡激振动和深水海底管道屈曲试验技术、装备，试验能力已达国际一流水平。

总之，目前国内的深水海底管道和立管工程技术已经走出起步阶段，正在全方位追赶世界先进水平，在当前新形势下应侧重对可能制约我国深水油气田自主开发的深水海底管道和立管"卡脖子"技术进行攻关，尽快形成具有自主知识产权的深水海底管道和立管工程技术体系，为我国深水油气田自主开发提供技术支持和保证。

第 2 章　深 水 立 管

深水立管是连接 TLP、深吃水立柱式平台(SPAR)、FPSO、SEMI-FPS 等水面设施和井口、管汇、管道终端等水下设施的导管,包括柔性接头、应力接头、张紧器、抗弯器、限弯器、浮力块等附属构件,用于实现水面浮式平台与水下设施,浮式平台与陆上或海上终端,浮式平台之间油、气、水、化学药剂等流体输送,以及钻井、完井、修井等作业活动。

立管系统是连接水面浮式设施和海底油气设施的唯一通道,同时也是整个深水油气田开发的薄弱环节。针对复杂的深水油气田开发环境和不同的浮式设施,国外公司提出了许多立管型式,TTR、SCR、柔性立管和混合立管是目前主要的四种立管型式,这些立管型式在世界各地的深水油气田开发中得到广泛应用。此外,还开发了其他立管型式,有的已获得应用,有的还处于概念研究或试验验证阶段。深水立管选型时需要综合考虑经济、安全、技术等方面,考虑油气田环境条件、浮体类型、水下设施布置等许多影响因素。立管设计基础文件是深水立管工程项目中最重要的一个文件,包括立管系统描述、立管功能、设计要求、设计标准、设计方法等内容。

2.1　深水立管型式

深水立管可分为刚性立管和柔性立管两类。柔性立管由金属和非金属材料复合而成或由非金属材料单独构成,抗弯刚度较低,可以实现很小的弯曲半径,具有良好的柔性。刚性立管通常由钢管组成,抗弯刚度较高。为了适应不同水深油气田开发和不同浮式平台形式的要求,许多不同型式的深水立管被开发出来(图 2-1),TTR、SCR、柔性立管和混合立管是目前世界深水油气田开发中典型的立管型式,SCR 和 TTR 属于刚性立管,混合立管由刚性立管(SCR 或 TTR)与柔性立管混合而成,这四种立管各有特点。

TTR 用于将水下井口垂直回接到水面浮式平台,利用张紧器或浮力罐提供的张力使立管保持竖直状态,对浮式平台运动比较敏感,目前仅用于平台运动相对较小的 TLP 和 SPAR 两种浮式平台。TTR 可以用作钻井立管或生产立管。TTR 最早用于固定式平台,1984 年北海 Hutton TLP 是第一个应用 TTR 的浮式平台,但水深仅为 148 m。目前世界上 TTR 应用的最大水深达到 2 393 m,是墨西哥湾 Perdido 项目,采用 SPAR,如图 2-2 所示。TTR 由于设置在浮式平台内部,其直径通常不大于 10 in(约 25.4 cm)。

SCR 可用于 TLP、SPAR、SEMI-FPS 和 FPSO 的开发方案,用于将来自海底的油

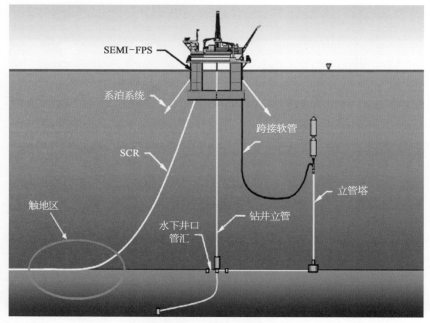

图 2-1 深水立管示意图

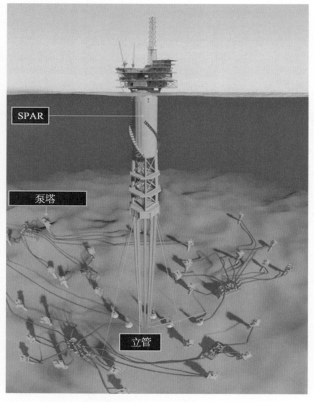

图 2-2 墨西哥湾 Perdido 项目的 TTR 示意图

气回输到浮式平台或将浮式平台处理后的油气外输。为了缓解 SCR 顶部悬挂区张力过大和底部触地区压力及疲劳问题,SCR 可以设计成缓波形、陡波形、缓 S 形、陡 S 形等多种型式。SCR 最早在 1994 年用于墨西哥湾的 Auger TLP,应用水深为 872 m。目前 SCR 应用的最大水深为 2 414 m,为墨西哥湾 Independence Hub 项目,采用 SEMI - FPS,如图 2 - 3 所示。

图 2 - 3　墨西哥湾 Independence Hub 项目的 SCR 示意图

图 2 - 4 是 SCR 应用水深与管径对应情况。目前应用的 SCR 最大尺寸为 Thunder Horse 项目的 24 in 输油立管和 Na Kika 项目的 24 in 输气立管。

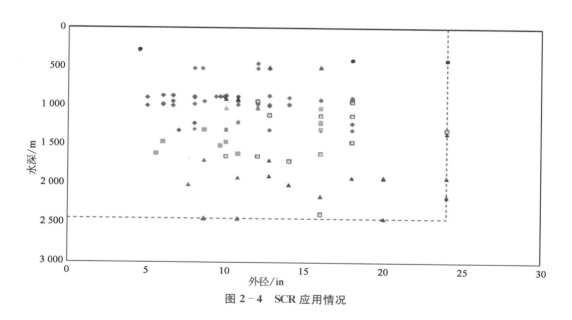

图 2 - 4　SCR 应用情况

柔性立管适用于采用 TLP、SPAR、SEMI - FPS 和 FPSO 的开发方案,用于将来自海底的油气回输到浮式平台或将浮式平台处理后的油气外输。目前应用的柔性立管最大内径为 19 in,最高温度为 130℃,最大内压为 138 MPa。目前世界上柔性立管应用的最大水深为 2 250 m,为墨西哥湾 Thunder Horse 项目,采用 SEMI - FPS,如图 2 - 5 所示。TechnipFMC 公司将气举管、电缆、光纤集成到柔性立管中形成集成生产包(integrated production bundle,IPB),实现气举、电伴热和监测功能。

图 2 - 5　Thunder Horse 项目的柔性立管示意图

混合立管是将柔性立管与刚性立管结合起来的立管型式,适用于 FPSO 或大型 SEMI - FPS 的开发方案。刚性立管可以是单层钢管,也可以是双层钢管、多层钢管或集束管。刚性立管顶端通常连接浮筒,以保持竖直状态。刚性立管可以是一个,也可以是多个。刚性立管间相互独立,分别用跨接软管连接到 FPSO 上,也有为了避免刚性立管间相互碰撞,利用框架将所有刚性立管顶端连接到一起。混合立管最早是在 1998 年用于 Green Canyon Block 29 项目开发,水深为 469 m。目前世界上混合立管应用的最大水深为 2 600 m,为墨西哥湾 Cascade-Chinook 项目,采用 FPSO,如图 2 - 6 所示。

除了以上四种典型立管外,为了适应深水油气田开发需要,许多国外公司还开发了许多立管新型式,这些立管新型式部分还处于概念研究或模型试验阶段。图 2 - 7 是在巴西 Sapinhoa 油田采用的浮标支撑立管(buoy support riser,BSR)型式立管系统,它将立管连接到浮力框架上,浮力框架由四个浮力块组成,布置在水下 250 m 处,利用拴绳锚固在海床上,SCR 连接到浮力框架上,浮力框架和 FPSO 间用跨接软管连接,这可以有效缓解 SCR 所面临的顶部悬挂区和底部触地区疲劳问题。

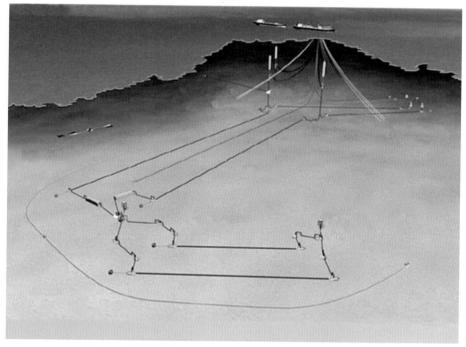

图 2-6 墨西哥湾 Cascade-Chinook 项目的混合立管示意图

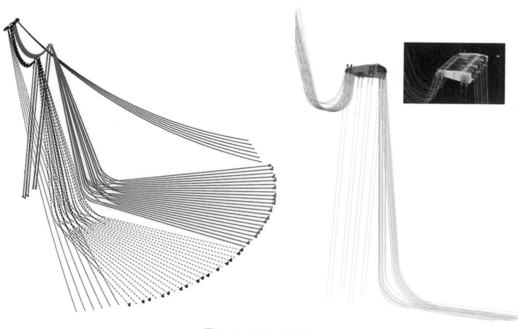

图 2-7 BSR 示意图

2.2 深水立管选型

在深水油气田开发中,立管型式的选择需要综合考虑经济、安全、技术方面,受许多因素影响,这些影响因素如下:

(1)经济性

经济性始终是立管选择的首要考虑因素。

(2)业主偏好

业主的偏好在某种程度上对立管型式的选择起决定性作用。

(3)油气田环境条件

环境条件包括水深、风浪流、海床特征等。环境条件不仅影响立管本身运动,还影响悬挂立管的浮体的运动。

(4)浮体类型

立管悬挂在浮体上,浮体运动对立管设计影响非常大,同时立管重量也影响浮体负载。不同类型的浮体运动响应性能不同,对负载变化敏感程度也不同,在立管选型时需要考虑。

(5)水下设施布置

立管在风浪流和浮体运动影响下将发生偏移运动,当浮体下面水下设施较多时,立管容许偏移空间有限,需要考虑选用偏移较小的立管型式。

(6)油藏条件和开发方式

油藏的压力和温度、井口数量、集中式开采还是卫星式开采,这些都影响立管型式的选择。

(7)技术可行性和成熟度

在选择立管型式时,需要考虑技术可行性。技术可行性不仅包括设计可行性,还包括制造可行性和安装可行性。对于技术成熟度较高的立管型式,其安全性相对也越高。

(8)应用记录

如果立管型式已有成功应用记录,特别是在开发的油气田所在海域有成功应用记录,将对该立管型式选择起到重要作用。

(9)油气资源所属国本地化要求

许多拥有深水油气资源的国家为了推动本国制造能力提高、发展本国经济,对国外公司开发本国深水油气资源提出材料采办、制造本地化程度要求,这在一定程度上会影响立管型式的选择。

　　表 2-1 给出了 SCR、TTR、柔性立管和混合立管这四种典型立管对 TLP、SPAR、SEMI-FPS 和 FPSO 四种浮体的适用性。从表 2-1 可以看出，柔性立管和 SCR 比 TTR 和混合立管具有更好的适应能力。

表 2-1　四种典型立管适用的浮体类型

立 管 型 式		浮 体 类 型				
		TLP	SPAR	SEMI-FPS	FPSO（非飓风环境）	FPSO（飓风环境）
SCR	自由悬挂	*	*	*	*	NA
	缓波形	△	△	▽	*	▽
混合立管	单根式	△	△	△	*	*
	集束式	△	△	△	*	*
柔性立管	非粘结	*	*	*	*	*
	粘结	△	△	△	*	△
TTR	浮力罐	△	*	NA	NA	NA
	液压张紧器	*	*	NA	NA	NA

　　注：* 为已应用；△为概念研究；▽为在开发；NA 为不适用。

2.3　深水立管设计

2.3.1　设计基础文件

　　设计基础文件是立管工程项目中最重要的一个文件，该文件提供了进一步开展设计工作的基础，经常是设计工作开展前的第一个需要审定的文件。

　　立管设计基础文件通常包括如下内容：

　　① 立管系统描述。

　　② 立管系统功能要求。

　　③ 立管系统设计要求。

　　④ 设计标准。

　　⑤ 分析方法。

⑥ 分析要求。

⑦ 设计数据。

⑧ 其他设计问题。

针对不同项目，立管设计基础文件内容可能会有所变化。

2.3.2 设计标准

在深水立管设计中，刚性立管和柔性立管采用不同的设计标准。刚性立管主要采用 DNV 或 API 标准进行设计，柔性立管主要采用 API 或 ISO 标准进行设计。

在刚性立管设计中主要采用的 DNV 标准如下：

① Dynamic Risers(DNV OS F201)。

② Riser Interference(DNV RP F203)。

③ Fatigue Strength Analysis of Offshore Steel Structures(DNV RP C203)。

在刚性立管设计中主要采用的 API 标准如下：

① Recommended Practice for Design of Risers for Floating Production Systems and Tension Leg Platforms(API RP 2RD)。

② Dynamic Risers for Floating Production Systems(API STD 2RD)。

③ Specification for Casing and Tubing(API Specification 5CT)。

④ Specification for Line Pipe(API 5L)。

⑤ Design，Construction，Operation，and Maintenance of Offshore Hydrocarbon Pipelines (Limit State Design)(API RP 1111)。

在柔性立管设计中主要采用的 API 标准如下：

① Recommended Practice for Flexible Pipe(API RP 17B)。

② Specification for Unbonded Flexible Pipe(API Specification 17J)。

③ Specification for Bonded Flexible Pipe(API Specification 17K)。

④ Specification for Flexible Pipe Ancillary Equipment(API Specification 17L1)。

⑤ Recommended Practice for Flexible Pipe Ancillary Equipment（API RP 17L2)。

在柔性立管设计中主要采用的 ISO 标准如下：

① Petroleum and Natural Gas Industries-Design and Operation of Subsea Production Systems-Part 2：Unbonded Flexible Pipe Systems for Subsea and Marine Applications(ISO 13628 - 2)。

② Petroleum and Natural Gas Industries-Design and Operation of Subsea Production Systems-Part 10：Specification for Bonded Flexible Pipe(ISO 13628 - 10)。

③ Petroleum and Natural Gas Industries-Design and Operation of Subsea Production Systems-Part 11： Flexible Pipe Systems for Subsea and Marine

Applications(ISO 13628 – 11)。

④ Petroleum and Natural Gas Industries-Design and Operation of Subsea Production Systems-Part 16：Specification for Flexible Pipe Ancillary Equipment(ISO 13628 – 16)。

⑤ Petroleum and Natural Gas Industries-Design and Operation of Subsea Production Systems-Part 17：Guidelines for Flexible Pipe Ancillary Equipmen(ISO 13628 – 17)。

除非明确规定采用的规范、标准版本,否则一般应使用最新版本。

深水立管设计具体采用哪种设计标准通常由业主指定。

API RP 2RD 标准采用许用应力法,DNV OS F201 标准采用基于可靠性分析的荷载抗力系数法(LRFD)。一般说来,API RP 2RD 标准比 DNV OS F201 标准相对保守一些,由于 API RP 2RD 标准颁布比较早,而且美国墨西哥湾一直是深水油气田开发热点,因此应用相对比较广泛。

2.3.3　设计分析软件

在深水立管设计过程中需要借助软件完成立管性能分析,这些软件主要如下：

① 立管静动态分析软件有 Flexcom(澳大利亚 Wood Group MCS 开发)、OrcaFlex(英国 Orcina 公司开发)、Riflex(挪威 Marinteck 研究中心开发)。

② 立管涡激振动分析软件有 Shear7(美国麻省理工学院开发)、VIVA(美国麻省理工学院开发)、ViVANA(挪威 DNV 和 Marinteck 共同开发)。

③ 立管安装分析软件有 OrcaFlex(英国 Orcina 公司开发)、Pipelay(澳大利亚 Wood Group MCS 开发)、OFFPIPE(美国 OFFPIPE 公司开发)。

④ 通用有限元分析软件有 Abaqus(法国达索公司开发)、Ansys(美国 Ansys 公司开发),主要用于立管局部或部件受力分析。

2.3.4　设计基础数据

设计基础数据应包含环境参数、工艺参数、管材特性、防腐设计参数、土壤参数、立管水动力性能参数、立管配置、浮式平台参数等信息。具体要求和详细内容如下：

(1) 环境参数

凡是可能有损于 TTR 系统正常工作和减弱系统可靠性的所有环境现象均应加以考虑。主要的环境影响因素包括水深、风、波浪、海流、水位、冰、环境温度(包括大气温度、海水温度及土壤温度)、海生物、海水密度及其他参数。

(2) 工艺参数

工艺参数包括管径、输送介质密度、压力(包括设计压力、正常操作压力、测试压力等)、温度(包括最高设计温度、最低设计温度)、保温层材料密度和厚度参数等。

（3）管材特性

立管材料特性包括材料类型、制管方式、材料等级、屈服强度、杨氏模量、泊松比、密度、热传导系数、壁厚公差等。

（4）防腐设计参数

立管系统应根据外腐蚀情况选择预防措施，可采用的外防腐措施有涂装外涂层、牺牲阳极和设计时留有腐蚀裕量。防腐设计参数为外防腐材料的厚度和密度、牺牲阳极尺寸和数量、单块重量和布置、腐蚀裕量。

（5）土壤参数

土壤调查应提供海床表层和底层土壤资料，包括土壤分类（根据土壤分类确定土壤摩擦系数）、土壤密度、土壤剪切强度、土壤含水量、土壤相对密度、土壤滑移或液化的可能性等。

（6）立管水动力性能参数

裸管立管和装有涡激振动抑制装置的立管水动力性能包括法向拖曳力系数、切向拖曳力系数、法向附加质量系数、切向附加质量系数等。

（7）浮式平台参数

要求提供的浮式平台参数如下：浮式平台在操作工况、极端工况、生存工况的时间历程位移值；浮式平台水动力性能，包括幅值响应算子（response amplitude operator，RAO）、二阶传递函数（quadratic transfer function，QTF）等，还有平台结构的有关图纸。

（8）其他参数

其他参数如下：涡激振动抑制装置参数，如振动幅值抑制比例、拖曳力半径和拖曳力系数、涡激振动抑制装置单位长度干重和湿重等；张紧系统参数，如张紧器数量、系统重量、初始预张力、张紧力刚度曲线等；应力集中因子等。

深水海底管道和立管工程技术

第3章　顶张紧立管

TTR 由一系列的立管节点构成,在顶部利用张紧器或浮力罐提供浮力保持竖直状态并悬挂在浮式平台甲板上,在底部采用应力接头与水下井口相连。TTR 适用于井口比较集中、采用 SPAR 或 TLP 开发的油气田,采油树位于平台甲板上。油管位于 TTR 内部,根据油气输送流动安全保障要求,TTR 横截面可以设计成单管式或双管式结构,由钻井船或平台上的吊机安装,管段与管段采用连接器相连。TTR 对浮式平台升沉运动比较敏感,设计中应综合考虑浮式平台升沉运动、井口区布置、相邻结构物间碰撞、涡激振动、疲劳等因素,并保证服役期间始终处于受拉状态。

3.1 顶张紧立管型式

1) 广义分型

广义上的 TTR 可分为两种型式。

(1) 传统的 TTR

立管由张紧器或浮力罐提供张力,直接连接到浮式平台上,如图 3-1 所示。

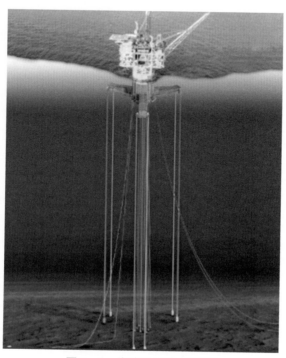

图 3-1 传统的 TTR 示意图

（2）自由站立式立管系统中的 TTR

TTR 位于浮式平台附近，由浮力罐提供顶部紧力，TTR 与浮式平台通过跨接软管连接，如图 3-2 所示。TTR 可以是单根钢管，也可以是多根钢管集束在一起。

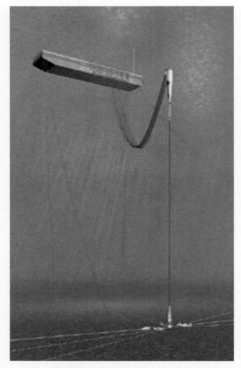

图 3-2　自由站立式立管系统中的 TTR 示意图

自由站立式立管系统中的 TTR 通常作为混合立管中的一部分，下面介绍的 TTR 仅指传统的 TTR。

2）按功能分类

TTR 可以分为生产和钻井两大类。

（1）生产 TTR 系统

生产 TTR 为内部的生产油管提供保护，作为生产油管的泄漏屏障。生产油管与浮体平台上的采油树相连，生产油管内的流体将通过跨接软管输送至平台管汇。生产 TTR 往往可以完成完井和修井作业。当生产 TTR 处于完井和修井模式时，TTR 顶部将与防喷器相连，完井和修井作业将贯穿 TTR。因此，生产 TTR 设计需同时满足生产、完井和修井作业的要求。

立管张紧器为 TTR 提供顶张力并将立管悬挂在生产甲板上。完井和修井作业期间，张紧系统中的张力将会增加以支持额外的立管荷载。通常张紧器可以由 4 个或 6 个气缸组成，并且气缸可成对配置，使得一个气缸故障将触发其对应部件（与气缸阵列中相对的一个)释放张紧荷载,并避免立管张力节点受到过度弯曲荷载。

生产 TTR 处于完井和修井模式时,需为完井或修井作业提供全孔径、无限制的通道。在完井或修井作业期间,生产立管环空充满完井液,然后取下采油树,将修井适配器连接到张力节点顶部,安装防喷器。修井防喷器短节用于将环形空间向上延伸穿过上甲板滚筒,达到钻台层。与生产立管相比,完井/修井立管还受上甲板和钻台的限制。

(2) 钻井 TTR 系统

生产 TTR 一般不作为钻井 TTR。钻井 TTR 连接海底井口和浮式平台,为钻井作业提供环境和压力屏障。钻井作业时,立管顶部与防喷器相连,钻井立管延伸到钻台。钻井 TTR 总体布置与生产 TTR 类似。

3.2 顶张紧立管组成

典型的 TTR 系统应包含如下配置:

① 带回接连接器的锥形应力节点。

② 标准立管段。

③ 飞溅区节点。

④ 张力节点。

⑤ 采油树和油管头。

⑥ 采油树跨接软管和脐带缆。

⑦ 修井操作的防喷器短节。

⑧ 防喷器。

⑨ 伸缩节。

⑩ 喇叭口短节。

图 3-3 和图 3-4 是典型的生产 TTR 和钻井 TTR 布置示意图。

1) 立管连接器

立管连接器用于连接两个管段。立管连接器有多种型式(图 3-5),其中常用的是焊接连接器和机械连接器,特别是机械连接器因为安装方便等因素,在工程中得到广泛应用。

制造厂家通常直接将机械连接器称为连接器,包括用于高疲劳场合的焊接螺纹连接器和用于中等疲劳场合的螺纹耦合连接器两种,如图 3-6 和图 3-7 所示。

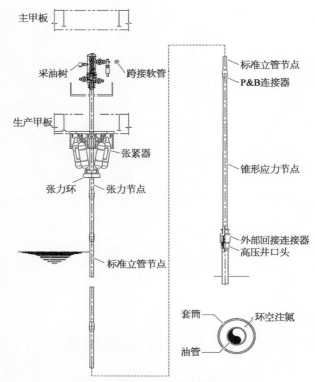

图 3-3 典型的生产 TTR 布置示意图

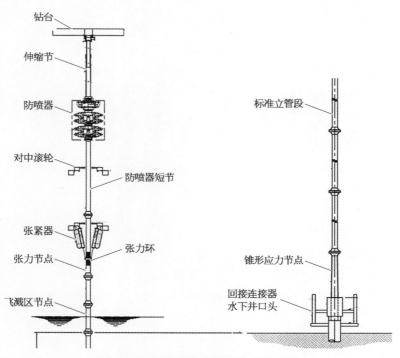

图 3-4 典型的钻井 TTR 布置示意图

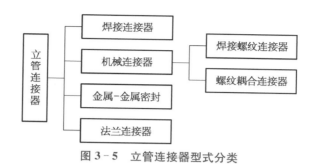

图 3-5 立管连接器型式分类

图 3-6 焊接螺纹连接器示意图

图 3-7 螺纹耦合连接器示意图　　　　图 3-8 法兰连接器实物图

除了焊接螺纹连接器和螺纹耦合连接器外,还有法兰连接器。钻井立管使用法兰连接器更普遍,很少使用焊接螺纹连接器连接。典型的钻井立管的法兰连接器如图3-8所示。

2）张紧器

张紧器和浮力罐都可以为 TTR 提供张力,但浮力罐由于体积较大,不太适合用于TLP 上的 TTR,多用于 SPAR 上的 TTR。张紧器可用于为 TLP 和 SPAR 上的 TTR提供张力。

张紧器根据驱动方式不同分为液压式张紧器和弹簧式张紧器,其中液压式张紧器根据对 TTR 作用方式的不同分为 Push-up 和 Pull-up 两种方式。图 3-9 是典型的Push-up 张紧器,图 3-10 是典型的 Pull-up 张紧器,图 3-11 是弹簧式张紧器。

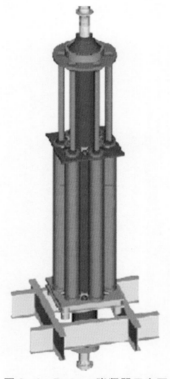

图 3-9　Push-up 张紧器示意图

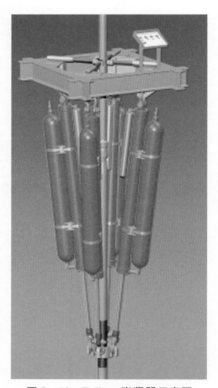

图 3-10　Pull-up 张紧器示意图

3）单层套管与双层套管

TTR 选择单层套管还是双层套管取决于立管泄漏风险评估结果。双层套管失效概率远低于单层套管,从理论上讲,如果单层套管失效概率为 0.1%,那么双层套管失效概率仅为 0.000 1%。

早期的浮式生产平台多用于浅水和地层压力较低的油气田开发,单层套管立管可

图 3-11　弹簧式张紧器实物图

以提供良好的控制屏障。在深水中,地层压力普遍较高,大多数 TLP 和 SPAR 使用双层套管立管。部分深水项目考虑经济性,采用单层套管立管来取代昂贵的双层套管立管。尽管如此,双层套管立管仍然是高风险油藏如高温高压油藏开发的首选。

4）应力节点和张力节点

应力节点是立管底部的特殊部分,通常为锻造的锥形结构,与底部回接连接器、立管标准管段相连。

张力节点是立管系统的顶部节点,它与立管张紧系统、立管标准管段连接。受张力环和辊轮的限制,张力节点比其他节点承受更大的弯曲荷载。张力节点区域将提供足够的长度,以允许立管布置公差和立管冲程,同时需考虑采油树上下间隙。

5）立管部件材料

（1）立管部件材料选择因素

① 强度要求。

② 焊接要求。

③ 锻造要求。

④ 材料相容性。不同的部分可以选择不同的材料,但是这些材料应该是相互兼容的,以避免焊接和腐蚀立管问题。

（2）常用的 TTR 钢材

① API 5L 系列管材，如 X65 等，通常用于生产 TTR。

② API 5CT 系列管材，如 N80、T95、P110、Q125 等高强钢，通常用于钻井 TTR。

3.3 顶张紧立管设计

3.3.1 顶张紧立管设计流程

典型的 TTR 设计流程如图 3-12 所示。

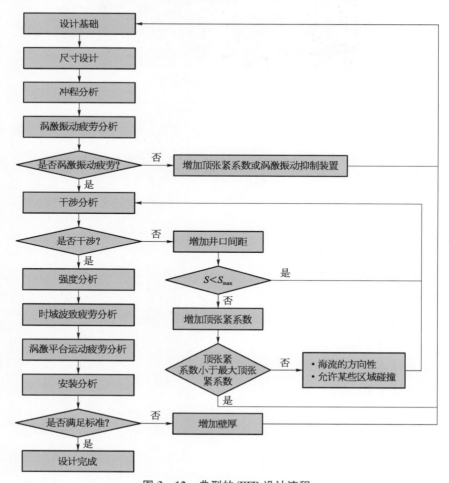

图 3-12 典型的 TTR 设计流程

TTR 设计包括尺寸设计、冲程分析、干涉分析、强度分析、疲劳分析(包括波致疲劳、涡激振动疲劳、涡激平台运动疲劳等)、安装分析。

3.3.2　顶张紧立管尺寸设计

TTR 尺寸设计包括立管标准段壁厚尺寸设计和特殊节点尺寸设计。两个区域的设计基础数据如下:

1) 立管标准段壁厚尺寸设计

立管标准段壁厚尺寸设计需要考虑以下参数:

① 立管内部流体压力、密度和温度。

② 立管管体的最小屈服强度(SMYS)和极端抗拉强度(UTS)。

③ 立管弹性模量和泊松比。

④ 最小通径需求。

⑤ 腐蚀和磨蚀裕量。

2) 特殊节点尺寸设计

特殊节点尺寸设计需要考虑以下参数:

① 飞溅区节点长度和壁厚。

② 锥形应力节点总长度、锥形截面长度、锥形截面外径、材料等级。

③ 张力节点总长度、壁厚和材料等级。

④ 防喷器短节总长度、壁厚和材料等级。

⑤ 伸缩节延伸总长度和冲程范围。

特殊节点尺寸由立管组件制造商提供,需考虑以下几点:

① 参考已完成的项目数据和经验教训可大大提高设计效率和减少制造变更。

② 锥形部分的最大壁厚为 2″,管壁过厚将导致材料不均匀特性,特别是厚壁材料热处理会降低材料性能。

③ 最大节点长度宜限制在 9 m 以内,过长或过重的节点设计会限制供应商数量。

④ 张力节点螺纹截面可能具有非常高的应力放大因子(SAF),高 SAF 会导致张力节点疲劳性能下降。

⑤ 由于张紧器液压缸连接偏心,张紧器液压缸张力也会在张力环上产生弯曲荷载,并且应在伸缩节尺寸确定时考虑此弯曲荷载。

大多数特殊立管节点采用单个锻造件制造,但制造商也可能选择焊接连接两件锻造件部件的方式来制造立管节点,此时需要检查焊缝的疲劳性能。

3) 荷载工况

(1) TTR 壁厚设计荷载工况选取原则

设计荷载工况由功能性荷载(包括压力、温度、介质和张力)、环境荷载、流动引起的荷载和偶然荷载组合决定。TTR 壁厚设计荷载工况属于以下类别之一:操作极限状态

(SLS)、极端极限状态(ULS)、偶然极限状态(ALS)。SLS 对应于正常操作工况和正常临时事件的标准;ULS 对应于极端工况和异常临时事件的标准;ALS 对应于生存工况或者偶然荷载工况的标准。年发生概率小于 10^{-4} 的荷载组合可以忽略不计。

TTR 壁厚设计需考虑浮体舱室、系泊锚链、张紧器保持完整和出现破损工况。表 3-1 是浮体舱室、系泊锚链、张紧器保持完整的情况下 TTR 壁厚设计典型荷载工况。表 3-2 是浮体舱室、系泊锚链、张紧器发生破损的情况下 TTR 壁厚设计典型荷载工况。

表 3-1 完整情况下 TTR 壁厚设计典型荷载工况

设 计 工 况	环 境 荷 载	功 能 荷 载	极 限 状 态
施工	相关的	相关的	SLS
操作	最大操作	正常操作	SLS
极端	极端	延迟关断	ULS
生存	生存	延迟关断	ALS
水压试验	相关的	水压试验压力	ALS
异常临时	相关的	相关的	ULS
偶然压力	相关的	相关的	ALS

表 3-2 破损情况下 TTR 壁厚设计典型荷载工况

设 计 工 况	环 境 荷 载	功 能 荷 载	极 限 状 态
锚链失效	最大操作	紧急关断	ALS
锚链失效	极端	延迟关断	ALS
舱室进水	最大操作	紧急关断	ALS
舱室进水	极端	延迟关断	ALS
张紧器损坏	最大操作	紧急关断	ALS
张紧器损坏	极端	延迟关断	ALS

(2) 生产立管荷载工况

生产立管荷载工况设计条件如下:

① 安装工况。立管下放/提起、引导索和 ROV 协助回收等操作工况。

② 压力测试工况。立管加压至关井油管压力(SITP)的 1.0 倍,再进行验证装配有海底井口和立管部件的生产回接连接器密封件。

③ 修井工况。修井工况时立管环空中可能含有完井液,此时立管采油树用防喷器替代,并且油管悬挂在油管悬挂器上。

④ 正常操作工况。立管系统在正常生产和注水条件下的工况。

⑤ 封井工况。除修井作业外,封井工况即任何时候使用重泥浆将井口封死的工况。

⑥ 正常关井工况。无特殊温度和压力变化时的关井工况。

⑦ 油管泄漏(生产立管)关井工况。油管或表面控制阀(SCSSV)泄漏,井液不流动时关井的工况。

⑧ 油管泄漏、无压力波动(注水立管)工况。SCSSV 泄漏、井液不流动的工况,此时井为正常操作压力。

⑨ 油管泄漏、压力波动(注水立管)工况。SCSSV 泄漏、井液不流动的工况,此时井为脉动压力。

(3) 钻井立管荷载工况

钻井立管荷载工况设计条件如下:

① 安装工况。立管下放/提起、引导索和 ROV 协助回收等操作工况。

② 正常钻井操作工况。正常循环钻井,无内压工况。

③ 底部气体泄漏工况。循环暂停,内部压力与关井压力相同的工况。

④ 停放工况。装满海水的单立管,此时移除了防喷器。

4) 设计准则及分析方法

对于生产和钻井立管,采用 API RP 2RD/API Standard 2RD 进行承压破裂压力设计和外部超压系统压溃校核。在计算立管壁厚时应考虑腐蚀和磨损裕量。

3.3.3　顶张紧立管冲程分析

张紧器最大冲程作为张紧器系统设计的参考。

TTR 张紧器破损工况下需满足以下条件:

① 张紧器冲程不超过设计冲程极限。

② 剩余的张紧器顶张紧力系数不小于 1.0。顶张紧系数是张紧器的拉力与张力点以下立管湿重的比值。

1) 荷载工况

TTR 冲程分析荷载工况选取原则与 TTR 尺寸设计荷载工况选取原则相同。TTR 冲程分析荷载工况需同时考虑张紧器完整、一根张紧器破损-张力修正、一根张紧器破损-张力不修正的荷载工况。TTR 荷载工况见表 3-3,不同工况对应的介质密度、压力等参数与 TTR 尺寸设计所采用的参数相同。环境条件根据项目的实际情况,按照不同的工况分类选取,选取原则参考 API RP 2RD/API Standard 2RD。

表 3-3　立管荷载工况设计

工　况	立　　　管	张　紧　器	许用应力安全系数	环境条件
PN	正常生产	完整	1.2	极端工况
PMS	正常关井	完整	1.2	极端工况

（续表）

工 况	立 管	张 紧 器	许用应力安全系数	环境条件
PW	修井（含防喷器），油管悬挂	完整	1.2	极端工况
PC	完井/修井（含防喷器）	完整	1.2	极端工况
PK	封井	完整	1.2	极限工况
PS	油管泄漏关井	完整	1.2	极端工况
WN	正常注水	完整	1.2	极端工况
WL	油管泄漏关井	完整	1.2	极端工况
PN	正常生产	破损一个，张力修正	1.5	生存工况
PMS	正常关井	破损一个，张力修正	1.5	生存工况
PW	修井（含防喷器），油管悬挂	破损一个，张力修正	1.5	生存工况
PC	完井/修井（含防喷器）	破损一个，张力修正	1.5	生存工况
PK	封井	破损一个，张力修正	1.5	生存工况
PS	油管泄漏关井	破损一个，张力修正	1.5	生存工况
WN	正常注水	破损一个，张力修正	1.5	生存工况
WL	油管泄漏关井	破损一个，张力修正	1.5	生存工况
PN	正常生产	破损一个，张力不修正	1.2	极端工况
PMS	正常关井	破损一个，张力不修正	1.2	极限工况
PW	修井（含防喷器），油管悬挂	破损一个，张力不修正	1.2	极端工况
PC	完井/修井（含防喷器）	破损一个，张力不修正	1.2	极端工况
PK	封井	破损一个，张力不修正	1.2	极限工况
PS	油管泄漏关井	破损一个，张力不修正	1.2	极端工况
WN	正常注水	破损一个，张力不修正	1.2	极端工况
WL	油管泄漏关井	破损一个，张力不修正	1.2	极端工况
DN	正常钻井	完整	1.2	极端工况
DS	气体泄漏关井	完整	1.2	极端工况
DP	关停	完整	1.2	极端工况
DN	正常钻井	破损一个，张力修正	1.5	生存工况
DS	气体泄漏关井	破损一个，张力修正	1.5	生存工况
DP	关停	破损一个，张力修正	1.5	生存工况
DN	正常钻井	破损一个，张力不修正	1.2	极端工况
DS	气体泄漏关井	破损一个，张力不修正	1.2	极端工况
DP	关停	破损一个，张力不修正	1.2	极端工况

2）环境条件选择

根据 API RP 2RD，表 3 - 4 中列出的环境条件用于表 3 - 3 中设计工况的分析。

表 3-4　环境条件选择

环境条件	描　述	波	风	流速分布
极端	极值波 极值风 极值流	百年一遇 相关 相关	相关 百年一遇 相关	相关 相关 百年一遇
临时	安装/回收/运输	季节性	相关	相关
疲劳	波浪 涡激振动	波浪散布图	相关	相关分布
生存	生存条件	相关	相关	相关

3) 分析方法

上冲程和下冲程应分开计算，总冲程是最大上冲程和最大下冲程的总和，计算需考虑合理的安全裕量。冲程分析计算方法见表 3-5。

表 3-5　冲程分析计算方法　　　　　　　　单位：m

影 响 因 素	公　式
上冲程	
① 热膨胀	$\Delta t L \alpha$
② 低潮位	$\Delta H A_w \rho/(EA/L)$
③ 顶张紧力设置误差（+5%）	$\Delta T/(EA/L)$
④ 压力 $= [T_w + (P_o A_o - P_i A_i)]/(EA/L)$	
⑤ TLP 平均位移	由动态分析得到
⑥ TLP 和立管动态响应	
⑦ 总的上冲程	$\sum$
下冲程	
⑧ 高潮位（+2.4 m）	$\Delta H A_w \rho/(EA/L)$
⑨ TLP 平均位移	由动态分析得到
⑩ TLP 和立管动态响应	
⑪ 顶张紧力设置误差（-5%）	$\Delta T/(EA/L)$
⑫ 总的下冲程	$\sum$
⑬ 上冲程分析裕量	经验假定或根据实际工程要求选取
⑭ 下冲程分析裕量	经验假定或根据实际工程要求选取
⑮ 上冲程设计裕量	张力环误差
⑯ 下冲程设计裕量	张力环误差
⑰ 上冲程设计值	⑦+⑬+⑮
⑱ 下冲程设计值	⑫+⑭+⑯
⑲ 总的冲程设计值	⑰+⑱

注：Δt—温差；α—热膨胀系数；ΔT—顶部张力误差；T_w—管壁张力；下标 o—立管外壁；下标 i—立管内壁；A_w—TLP 水线面积。

3.3.4 顶张紧立管涡激振动分析

涡激振动（vortex induced vibration）分析结果是立管干涉分析、安装分析、疲劳分析的输入条件。涡激振动分析得到立管拖曳力增幅将用于立管干涉分析、安装分析中。涡激振动疲劳损伤将用于立管疲劳分析中，其荷载工况取决于疲劳分析中荷载工况的选择。

Shear7 是国际海洋工程业界公认的立管涡激振动评估软件，该程序使用格林函数解法技术来解决频域控制结构方程。Shear7 能够模拟具有剪切剖面流线性变化张力的电缆和立管，对输入参数的选择非常敏感。

在剪切流剖面的作用下，TTR 可能是多模态振动。由剪切流分布引起的疲劳损伤取单模振动和多模振动假设计算的疲劳损伤的平均值。涡激振动分析的关键参数选择见表 3-6。

表 3-6　Shear7 中涡激振动分析的典型关键参数

Shear7 输入参数	裸　管	带整流罩的管子	带螺旋侧板的管子
结构阻尼	0.003	0.003	0.003
斯特劳哈尔(Strouhal)数	0.18	0.10	0.10
附加质量系数	1.0	2.0	2.0
升力系数 C_L	1.0	5.0	5.0
阻尼系数（静水、低 V_r 区、高 V_r 区）	0.2,0.18,0.2	0.4,0.5,0.4	0.4,0.5,0.2
V_r 带宽	0.4	0.0	0.25
升力系数降低因子	1.0	1.0	1.0
主要区域幅值限制	0.3	0.3	0.3
能量比截止值	0.05	0.05	0.05
能量比指数	1	1	1

采用 Shear7 评估包括张力节点和应力节点在内的 TTR 涡激振动疲劳流程如下：

① TTR 结构建模。准确模拟沿 TTR 的质量、有效张力、张紧器刚度、轴向刚度和弯矩刚度。

② 使用 OrcaFlex 进行模态分析。使用 OrcaFlex 建立 TTR 结构有限元模型（FEM）。为了捕捉高频响应，单元长度至少是最高模态波长的 1/10。通过在 OrcaFlex 中开展模态分析，得到 TTR 固有频率和振型。

③ 使用 OrcaFlex 输出用于 Shear7 涡激振动分析的模态文件。

④ 使用 Shear7 对每个涡激振动疲劳海况进行涡激振动分析。

⑤ 选择合适的应力集中因子(SCF),计算每个流工况的疲劳程度,再使用 Palmgren-Miner 法则计算由涡激振动引起的累积疲劳损伤,作为所有疲劳的总和。

如果立管涡激振动分析表明立管可能发生涡激振动,那么需要采取涡激振动抑制措施,设计者可以采取以下方法:

① 改变顶张紧系数。

② 安装涡激振动抑制装置减小涡激振动。

改变顶张紧系数主要是通过调整 TTR 顶部张紧器或浮力罐设置来实现。

常用的涡激振动抑制装置有螺旋侧板和整流罩,图 3-13 和图 3-14 分别为螺旋侧板和整流罩。对于 TTR,多采用整流罩涡激振动抑制装置。对于带有涡激振动抑制装置的立管,Shear7 中采用折减水动力系数的方式来考虑涡激振动抑制装置影响,水动力折减系数由涡激振动抑制装置制造商提供。

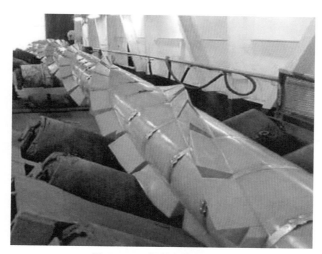

图 3-13 螺旋侧板实物图

图 3-14 整流罩实物图

3.3.5 顶张紧立管干涉分析

TTR 干涉分析通常有两种设计思路：一种是在极端工况下不允许立管发生碰撞；另一种是允许在极端工况或者偶然工况下立管之间发生碰撞，但是需要保证碰撞后 TTR 结构完整性不会受到损坏。大部分工程项目都是选择 TTR 在极端工况下不发生碰撞进行设计的。

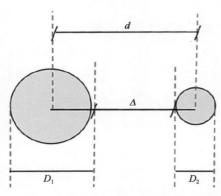

图 3-15　TTR 干涉最小间距准则

根据 DNV RP F203 规范要求，要满足相邻 TTR 不发生碰撞，需要满足相邻 TTR 的净间隙 $\Delta \geqslant D_1 + D_2$，其中 D_1、D_2 分别为相邻 TTR 的外径，如图 3-15 所示。

TTR 之间的间距越大，相邻 TTR 发生碰撞的可能性越小。但是较大的 TTR 间距会占用 TLP 上部井口区域更大的面积，同时钻机滑轨的间距也会相应加大，这些因素都会造成 TLP 结构重量的增加，不利于 TLP 设计。TLP 井口间距设计原则是：在满足 ROV 操作空间要求和 TTR 不发生干涉的情况下，尽可能地缩减井口间距。

合理的浮式平台井口间距将保证设备的通过性，满足极端荷载条件下所有 TTR 包括采油树和跨接软管之间的间隙要求。同时，浮式平台井口间距的选择需考虑浮式平台上部跨接软管和脐带缆的最小弯曲半径。

TTR 干涉分析应考虑相邻 TTR 间尾流效应和涡激振动引起的拖曳力系数放大：

① TTR 拖曳力系数受到涡激振动和上游立管尾流效应的影响。上游 TTR 和下游 TTR 的拖曳力系数为立管静止状态下的拖曳力系数与涡激振动引起的拖曳力放大系数的乘积。TTR 静止状态下的拖曳力系数和雷诺数相关，可通过 Shear7 软件计算得到涡激振动引起的拖曳力放大系数。

② 上游 TTR 的尾流效应会减小作用在下游 TTR 上的流速，使得下游 TTR 的拖曳力减小，这会引起下游 TTR 的变形相对减小，使得上游 TTR 和下游 TTR 更容易发生干涉。常用的尾流模型有 Huse 尾流模型、Blevins 尾流模型等。

干涉间距分析应评估以下结构之间的间距：

① 生产 TTR 与相邻生产 TTR。

② 生产 TTR 与钻井 TTR。

③ 生产 TTR 与完井模式下相邻生产 TTR。

④ TTR 与船体结构。

⑤ 生产 TTR 上部跨接软管与其他上部跨接软管/采油树平台。

⑥ 生产 TTR 上部脐带缆与跨接软管/采油树平台。

⑦ 生产 TTR 采油树与相邻结构。

顶张紧系数(top tension factor，TTF)是张紧器的拉力与张力点以下立管湿重的比值，是立管张紧程度的体现。应选取合适的 TTF，保证 TTR 与 TTR 之间、TTR 与浮体结构之间在所有环境条件下都不发生碰撞。

TTR 干涉分析用来帮助确定浮式平台井口间距和海底井口布局，并协助选择 TTR 合适的名义张力。TTR 干涉分析采用 OrcaFlex 和 Shear7 软件开展。OrcaFlex 用来进行 TTR 在海流作用下的总体性能分析，Shear7 用来计算 TTR 由于涡激振动引起的拖曳力放大系数。

对于每个工况，干涉分析程序流程如图 3-16 所示。

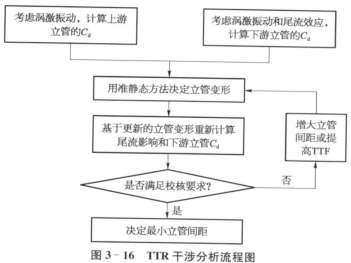

图 3-16　TTR 干涉分析流程图

井口布置设计一般需考虑以下内容：

① 浮式平台甲板空间有限，相邻两井口中心距通常布置为小于 4.5 m。当需要容纳大量 TTR 时，有些浮式平台相邻两井口中心距甚至低至 3.0 m。当 TTR 干涉设计限制条件时，可通过增加海底井口间距来解决。

② 海底井口不一定按照每行和每列的规则排列，即它们可以在行和列中交错排列，其主要目标是尽量减少井口的总体尺寸。过度的立管错位可能会在张紧器上施加很大的冲程范围，从而增加 TTR 成本。

③ 在某些钻井作业中，可能需要钻井 TTR 钻相邻的井，而不需要将钻机移动到新的钻井中心，这种情况通常会带来干涉问题。建议考虑钻井操作顺序以解决干涉问题。

3.3.6　顶张紧立管强度分析

TTR 强度分析目的是确定 TTR 是否满足要求的强度标准。TTR 强度校核标准可以用工作应力法(WSD),也可以用荷载抗力系数法(LRFD)。在 API RP 2RD 中采用 WSD,在 DNV OS F201 中采用 LRFD,具体采用哪种规范进行分析由业主指定。

1) 荷载工况

TTR 强度分析荷载工况选取原则与 TTR 尺寸设计荷载工况选取原则相同。

设计荷载工况的选取原则是确保立管在其使用寿命期间经历的所有可能的工况符合设计规范的安全标准。从理论上来说,设计荷载工况矩阵可能包含数百或数千个荷载工况。但实际设计中,许多工况显然比相同荷载工况类别中的其他荷载工况影响小,许多不重要的荷载工况可以忽略不计。因此,根据不同的设计工程师的经验和技术背景,荷载工况矩阵中最终选择的荷载工况可能会有所不同。经验丰富的设计工程师倾向于提出更简洁的设计工况矩阵,并更有效地执行设计工作而不丢失控制工况。

强度设计荷载工况选择的一般准则如下:

① 每个不同的荷载类别应至少选择一个荷载工况。例如,应该考虑安装和压力测试的荷载工况,尽管这些工况通常并不起控制作用,但需要这些荷载工况来确认运行环境条件。

② 通常情况下,受损工况不会同时发生,除非受损相互关联。

③ TTR 状态可能会在其使用寿命期间发生变化,例如 TTR 可能在其生命周期的早期是生产立管,在其寿命期间的剩余时间转换为注水立管,也可能在短时间内或持续时间内处于压井或修井状态。通常钻井专业将确定这些设计条件,TTR 设计工程师需提供与每个操作相关的限制,并选择设计荷载工况来验证。

2) 分析方法

可以使用 OrcaFlex 等分析软件进行 TTR 强度分析。

依据 API RP 2RD,在分析 TTR 立管所受张力和弯矩时,立管壁厚采用名义壁厚。在计算 TTR 立管应力时,立管壁厚采用考虑制造公差、腐蚀裕量和磨损的最小壁厚。

TTR 强度分析应提供以下数据:

① 名义顶部张力。

② 极端上冲程和下冲程。

③ 关键部件的极限荷载。

④ 沿着立管长度的极限和均方根弯曲力矩和位移。

⑤ 沿着立管长度的极限应力。

这些数据除了用于验证 TTR 强度是否满足要求外,还将用于 TTR 立管局部关键部件设计和总程分析。

3.3.7 顶张紧立管疲劳分析

TTR 疲劳分析校核准则是计算疲劳寿命大于设计寿命。

1）荷载工况

疲劳限制状态(FLS)代表了 TTR 潜在的疲劳失效模式。所有受循环荷载作用的结构都应该考虑累积疲劳损伤。由风和波浪引起的环境荷载(通常描述在波浪散布图中)、涡激振动、涡激平台运动、热循环和压力循环等都是典型的疲劳荷载。

表 3-7 是典型疲劳荷载工况。施工工况涵盖了所有施工活动,操作工况包括波浪散布图中的海况、涡激振动、涡激平台运动等。单一事件工况包括风暴事件和流事件。

表 3-7　典型疲劳荷载工况

工　况	环　境	功能性荷载
施工	相关的	相关的
操作	波浪散布图	相关的
涡激振动	波浪散布图	正常操作
涡激平台运动	波浪散布图	正常操作
单一暴风事件	极端暴风	相关的
单一流事件	极端流	相关的

波致疲劳荷载工况包括长期疲劳和单一事件疲劳,长期疲劳是根据波浪散布图设计荷载工况,单一事件疲劳是采用极限海况下的波浪作为荷载工况。

2）分析方法

（1）长期疲劳分析

TTR 的长期疲劳由四种疲劳源组成:

① 波浪荷载引起的疲劳。

② 海流引起的涡激振动疲劳。

③ TLP 涡激平台运动疲劳。

④ 安装引起的疲劳。

TTR 疲劳寿命由式(3-1)计算得出,要求 TTR 疲劳寿命大于或等于 TTR 设计寿命:

$$疲劳寿命 = \frac{1.0 - D_{ins}}{SF_{wv}D_{wv} + SF_{viv}D_{viv} + SF_{vim}D_{vim}} \geqslant 设计寿命 \quad (3-1)$$

式中　SF_{wv}——波致疲劳的安全系数,通常取为 10;

　　SF_{viv}——涡激振动疲劳的安全系数,通常取为 20;

　　SF_{vim}——涡激平台运动疲劳的安全系数,通常取为 10;

　　D_{ins}——安装引起的立管疲劳损伤,通常假设为 0.10;

D_{wv}——波浪及浮体运动引起的立管疲劳损伤；

D_{viv}——涡激振动引起的疲劳损伤；

D_{vim}——涡激平台运动引起的疲劳损伤。

生产 TTR 疲劳计算将考虑两个不同的操作工况，即正常生产工况和完井工况。这两个工况具有不同的疲劳特性。根据两个工况的暴露时间，生产 TTR 的疲劳损伤是考虑这两种工况的总疲劳损伤。例如，如果生产 TTR 在完井工况下总共有 1 年，在正常生产工况下总共有 19 年，则总疲劳损伤是下列损伤的总和：

① 在完井工况下，TTR 损伤 1.0 年。

② 在正常生产工况下，TTR 损伤 19.0 年。

（2）单一事件疲劳分析

除了长期疲劳外，还应该检查 TTR 在短期或单一事件（如台风诱导疲劳）情况下的疲劳损伤。单一事件造成的 TTR 疲劳损伤应单独校核，不与长期疲劳损伤叠加，单一事件疲劳损伤不超过总设计年限的 10%。

3）分析步骤

TTR 疲劳分析涉及由波浪和涌浪引起的波频响应，以及由 TLP 低频运动引起的低频响应及由弹振引起的高频响应。雨流计数法结合 TTR 时域分析，是目前可用的最准确的疲劳损伤估算方法。

由于 TTR 系统为柔性结构，高频运动对其的影响可以忽略不计。假定低频和波频应力时间历程彼此独立，时域分析步骤概述如下：

① 假设 TLP 具有平均偏移量，生成沿立管的低频轴向张力和弯矩时间历程。

② 假设 TLP 具有包括低频水平运动的调整平均偏移量，生成沿立管的波频轴向张力和弯矩时间历程。

③ 将上述两个频率相加以获得沿着立管的总轴向张力和弯矩时间历程。

④ 通过结合由轴向张力和弯矩引起的应力来计算总应力时间历程。

⑤ 使用雨流计数法计算沿立管的疲劳损伤。

4）S-N 曲线

用于立管疲劳计算的 S-N 曲线定义如下：

$$N = A[SCF\Delta\sigma]^{-m} \qquad (3-2)$$

式中　N——疲劳破坏时应力循环次数；

　　　A——常数；

　　SCF——包含壁厚影响的应力集中系数；

　　$\Delta\sigma$——应力变化范围（MPa）；

　　　m——S-N 曲线的反斜率。

所选的疲劳 S-N 曲线和 SCF，应考虑立管管道制造和焊接的工艺，S-N 曲线通常由管道供应商经过试验测定,在没有更准确的数据来源情况下,可以取 $SCF = 1.2$ 左右。表 3－8 是 API X 疲劳 S－N 曲线参数。

表 3－8 API X 疲劳 S－N 曲线参数

参 数	数 值
A	2.0×10^6
m	3.74
$\Delta\sigma$	79 MPa
SCF	1.2

3.3.8 顶张紧立管安装分析

1) 安装步骤

TTR 的安装主要由平台上的钻机完成,典型 TTR 的主要安装步骤如下:

① 配置导向系统,将导向系统连接在水下井口的基盘上,利用绞车张紧导向绳。

② 将钻机滑移到预定井槽位置。

③ 连接张力节点和井口。

④ 将底部应力节点、底部回接连接器与 TTR 节点连接起来并逐步下放。

⑤ 将导向臂分别与锥形应力节点、回接连接器、导向绳连接起来。

⑥ 逐步连接、下放剩余的 TTR 节点。

⑦ 根据需要在相应的 TTR 节点安装涡激振动抑制装置。

⑧ 安装飞溅区 TTR 节点和张力节点。

⑨ 将 TTR 张紧器调整到所需张力,逐步下放 TTR 系统并连接张紧器的液压缸与张力节点的张力环。

⑩ 继续下放 TTR 系统,逐步将 TTR 荷载从钻机转移到张紧器。

⑪ 将导向臂插入导向柱。

⑫ 将底部回接连接器插入水下井口,利用 ROV 和液压装置完成底部回接连接器与水下井口的连接。

⑬ 对生产 TTR 与水下井口的连接开展拉力测试,对水下井口的密封进行压力测试。

⑭ 对生产 TTR 进行压力测试,稳压 5 min。

⑮ 将 TTR 荷载转移到张紧器。

⑯ 将井口连接到张力节点上。

⑰ 安装防喷器短节及防喷器。

⑱ 根据修井/完井程序对防喷器和生产 TTR 进行压力测试。

⑲ 安装伸缩节。

⑳ 完成修井/完井操作。

㉑ 移除伸缩节。

㉒ 将防喷器与防喷器短节脱离,并将防喷器移至相应的位置。

㉓ 将生产 TTR 张紧器调整到所需张力。

㉔ 将防喷器短节与井口脱离,并安装采油树。

2）校核准则

在确定可接受的海况下考虑以下标准:

① 不同下放深度的 TTR 响应变化。

② 防止 TTR 之间的接触。

③ 防止 TTR 部件过载。

④ 锁定井口连接器需要对齐。

⑤ TTR 顶部与张紧器需要对齐,以便进行连接。

⑥ 导向绳的张力要求。

3）荷载工况

在安装分析中考虑两个安装阶段:

① 第一阶段：回接连接器降低到水深的中间,升降器的顶部固定在 TLP 钻台上。

② 第二阶段：回接连接器降低到靠近海底井口但没有锁定,并且 TTR 的顶部连接到钻机移动挂钩。防喷器和防喷器阀在 TTR 锁定到海底井口后安装,因此在用导向系统进行钻井 TTR 安装时不考虑防喷器的影响。TTR 假定在安装过程中浸入水中。

TTR 安装过程可考虑以下几种安装工况:

① 生产 TTR 安装：下游立管为生产 TTR。

② 生产 TTR 安装：下游立管为钻井 TTR。

③ 钻井 TTR 安装：下游立管为生产 TTR。

TTR 安装时需选取环境条件较好的天气,南海环境工况可选用 1 年海况和 10 年海况进行安装分析:

① 1 年季风流。

② 1 年季风流+99% 不超越概率孤立波流。

③ 1 年季风流+完全孤立波流。

④ 10 年季风流。

4）分析方法

采用 OrcaFlex 模拟每个主要安装阶段的力学特性,分析方法与 TTR 干涉分析类似。需评估台风诱导和流诱导的干涉风险。安装分析程序总结如下:

① 根据安装顺序在 OrcaFlex 中建立力学模型。

② 开展涡激振动分析和尾流分析以确定阻力系数。

③ 使用 OrcaFlex 开展 TTR 总体静态和动态分析。

④ 检验安装和对齐标准是否满足要求。

⑤ 检查干涉风险。

安装分析模型主要分为三个部分：立管模型、导向绳模型、柔性/刚性导向臂模型。其中立管主体部分模型与干涉采用的立管模型一致，立管上下边界条件按照不同安装阶段进行修改。安装导向绳按钢缆进行模拟。柔性/刚性导向臂模型与导向绳模型之间采用接触模拟。

TTR 安装分析方法如下：

① 安装分析中需分析不同安装设计组合以验证其可行性，包括刚性导向臂、柔性中间立管导向臂和导向绳预张力等。对每种设计组合分别建模分析。

② TTR 模型的下端（回接连接器）始终通过刚性导向臂连接到导向绳，导向臂沿着指导方向滑动。如果在安装期间存在过度的立管偏转，则可以在 TTR 中部增加导向臂。如果 TTR 安装期间存在孤立波，TTR 可由生产甲板处的导辊支撑。

③ 选择某一个安装设计组合，在给定的荷载工况下对两个安装阶段进行仅加载流荷载的静态分析，目的是得到安装的 TTR 与相邻立管的 TTR 静态间距（此时考虑 TLP 偏移）。

④ 进行动态分析，TLP 运动可采用以下两种方式：第一种将整体性能分析中得到的 TLP 六自由度运动时历数据作为 TLP 运动的输入条件；第二种采用 TLP 的平均偏移及 RAO 作为 TLP 运动的输入条件。在整体 OrcaFlex 模型中预测 TTR 在波、流和 TLP 运动联合作用下的响应，从动态分析中提取最大回接连接器变形和最大 TTR 部件应力值。

⑤ 对安装分析结果进行校核。

安装分析结果与 TLP 总体性能结合起来将得出以下两个结论：

① 安全操作观测圈。

② 最大安装海况限制。

深水海底管道和立管工程技术

第4章 钢悬链立管

SCR 由若干标准长度的钢管焊接而成,立管上部通过柔性接头或应力接头悬挂在浮体上,立管呈悬链线状悬挂在水中,图 4 - 1 是典型的 SCR 示意图。同其他立管型式相比,SCR 结构形式简单、安装方便、成本低,对浮体漂移和升沉运动的容度大,适用于高温高压介质环境。这些特点使 SCR 自 1994 年首次应用后,在世界各海域油气田开发中得到广泛应用,在 TLP、SPAR、SEMI - FPS、FPSO 等浮体上都有成功应用,成为深水油气资源开发的首选立管型式。

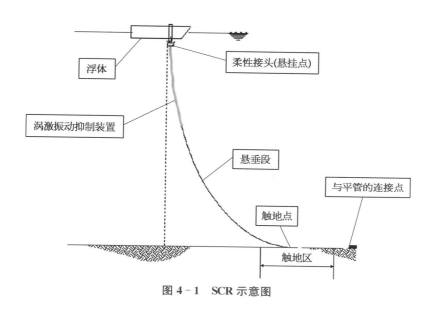

图 4 - 1   SCR 示意图

对于 SCR,危险的部位通常是顶部悬挂区和底部触地区。为了避免顶部悬挂区和底部触地区发生危险,SCR 可以设计成缓波形、陡波形、缓 S 形、陡 S 形等多种型式。选择的立管型式需要满足立管设计要求,立管设计分析通常包括壁厚设计、强度分析、干涉分析、疲劳分析(包括波致疲劳、涡激振动疲劳、涡激平台运动疲劳)、安装分析等。

4.1   钢悬链立管型式

SCR 有许多种型式。最简单的是自由悬链立管型式,立管直接悬挂在浮体上,立管在水中和触地区截面没有附加其他设施。自由悬链立管的顶部悬挂区和底部触地区应力较大,易发生疲劳破坏,是 SCR 的危险区域。为避免 SCR 在悬挂区和触地区发生破坏,通常通过改变其构型来改善其悬挂区和触地区受力情况。常见的有陡波形钢悬链立管(steep wave SCR)、缓波形钢悬链立管(lazy wave SCR)、陡 S 形钢悬链立管(steep S SCR)和缓 S 形钢悬链立管(lazy S SCR),如图 4-2 所示。

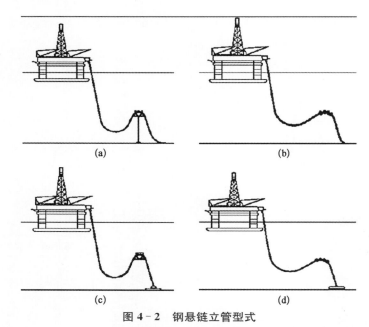

图 4-2　钢悬链立管型式
(a) 缓 S 形;(b) 缓波形;(c) 陡 S 形;(d) 陡波形

4.2　钢悬链立管组成

SCR 结构形式简单,主体为钢管,附属部件包括 SCR 悬挂装置和涡激振动抑制装置。目前 SCR 悬挂装置主要有柔性接头(flexible joint,FJ)和锥形应力接头(taper stress joint,TSJ)。涡激振动抑制装置主要有螺旋侧板和整流罩两种。

1) 钢管

目前 SCR 主要采用 API 5L X65 管材,由于在使用寿命内 SCR 一直遭受波流动态作用,因此对钢板性能及钢管制造工艺要求非常高。

2) 柔性接头

柔性接头由钢和弹性体层组成,能够自由转动,因此能够缓解 SCR 在平台悬挂点处所受弯矩,如图 4-3 所示。目前世界上柔性接头制造厂家有美国 Oil States 和法国 Hutchinson 两家公司。

　　3）锥形应力接头

　　锥形应力接头是变截面的锥形锻造件,通过变化的壁厚来控制 SCR 端部不发生过大曲率,其材料可以是钢或钛合金。锥形应力接头通过一个法兰连接到悬挂在上边的工艺管道,另一个法兰在底端用来连接立管,如图 4-4 所示。美国 RTI 公司是目前世界上唯一的锥形应力接头供应商。

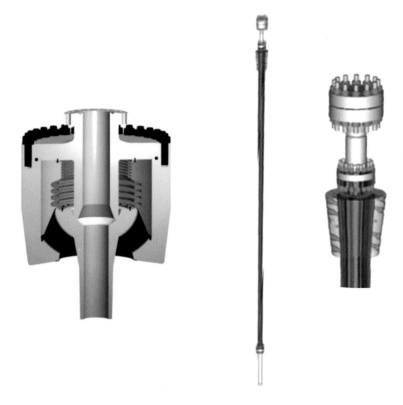

图 4-3　柔性接头示意图　　　　　图 4-4　锥形应力接头示意图

　　4）涡激振动抑制装置

　　当 SCR 可能发生涡激振动疲劳破坏时,需要安装涡激振动抑制装置。螺旋侧板和整流罩是目前应用最多的两种涡激振动抑制装置。螺旋侧板价格便宜,但它增大了阻力,而且对涡激振动抑制效率受海洋生物附着影响较大;而整流罩阻力小,对涡激振动抑制效率基本不受海洋生物影响,但是价格比较贵。螺旋侧板多用于 SCR,整流罩多用于 TTR。螺旋侧板和整流罩涡激振动抑制装置如图 3-13 和图 3-14 所示。涡激振动抑制装置主要制造厂家有 Trelleborg、VIV Solutions、Lankhorst Mouldings、AIMS International 和 Albrown Universal。

4.3 钢悬链立管设计

4.3.1 钢悬链立管设计流程

典型 SCR 设计流程如图 4-5 所示。

SCR 设计包括壁厚设计、强度分析(静态和动态)、干涉分析、疲劳分析(包括波致疲劳、涡激振动疲劳、船体升沉或涡激平台运动疲劳)、安装分析、特殊分析(如管道/土壤相互作用、局部有限元分析、立管接触等)、工程临界分析(ECA)。

4.3.2 钢悬链立管壁厚设计

可以按照 API RP 2RD、API RP 1111、DNV OS F201 等标准进行 SCR 壁厚设计。

无论是 API 还是 DNV 标准,SCR 壁厚通常需要由以下分析初步进行选取:

① 内压爆裂分析。

② 外压压溃分析。

除内压爆裂和外压压溃外,通常还进行压溃扩展分析。压溃扩展分析对立管设计不是强制性核校准则,压溃扩展计算结果仅供参考。对于海底管道,可以使用止屈器控制压溃扩展。而对于 SCR,如出现局部压溃,则整个立管都需要更换。

初步选取的立管壁厚还需要通过强度、干涉、疲劳等分析进一步确定选取的壁厚是否合适。

下面仅以 APR RP 2RD 为例介绍 SCR 壁厚设计标准和程序。

1) 环向应力分析

立管环向应力应小于允许的最大环向应力:

$$\sigma_{\text{hoop}} < C_f C_a \sigma_y \tag{4-1}$$

式中　C_f——设计工况系数(表 4-1);

　　　C_a——许用应力系数,取 2/3;

　　　σ_y——最小屈服强度。

由立管内外压差引起的环向应力为

$$\sigma_{\text{hoop}} = (p_i - p_e) \frac{OD}{2t} \tag{4-2}$$

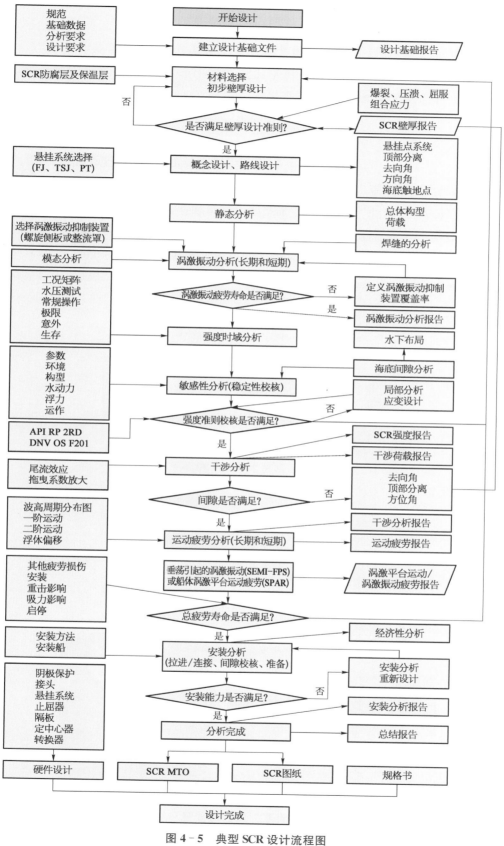

图 4-5 典型 SCR 设计流程图

表 4-1 设计工况系数

设 计 工 况	C_f
操作工况	1.0
临时工况	1.2
水压试验工况	1.35

式中 OD——标称外径;

    t——减去制造公差、腐蚀裕量和耐磨量后的最小壁厚;

    p_e——立管外压;

    p_i——立管内压。

环向应力利用因子 η_{hoop} 为

$$\eta_{hoop} = \frac{\sigma_{hoop}}{\sigma_{allowable}} \tag{4-3}$$

当 $\eta_{hoop} < 1$ 时,立管不会发生环向爆裂。

2) 静水压溃分析

立管静水压溃计算如下:

$$P_a \leqslant D_f P_C \tag{4-4}$$

$$P_C = P_o \left(g - \frac{s}{s_0} \right) \tag{4-5}$$

$$P_0 = \frac{P_e P_y}{\sqrt{P_e^2 + P_y^2}} \tag{4-6}$$

式中 D_f ——设计系数,对无缝钢管和电阻焊钢管取 0.75,对双面埋弧焊钢管取 0.6;

    P_e ——弹性屈曲压力;

    P_y ——同时拉伸时的屈服压力;

    g ——考虑管道椭圆度的缺陷因子;

    s/s_0 ——临界弯曲应变比。

上述标准考虑了轴向力、弯曲和外压的综合影响。

压溃应力利用因子 $\eta_{collapse}$ 为

$$\eta_{collapse} = \frac{p_e - p_i}{P_a} \tag{4-7}$$

当 $\eta_{collapse} < 1$ 时,立管不会发生外压压溃。

计算中使用立管内外压差。静水压溃仅对安装工况进行评估,因为安装工况比操作工况更重要,在安装工况下立管内部没有压力或流体,立管内外压差最大。

4.3.3　钢悬链立管强度分析

1）分析准则

SCR 强度分析标准有 API RP 2RD 和 DNV OS F201。API RP 2RD 采用许用应力法进行强度校核,而 DNV OS F201 采用荷载抗力分项系数法进行强度校核。

在 SCR 强度分析中需要考虑操作工况、极端工况、生存工况和水压试验工况。

表 4-2 列出了 API RP 2RD 中给出的不同工况下许用应力系数。

表 4-2　SCR 许用应力系数

工 况 类 型	设计工况因子	许用应力系数/%
操作工况	1.00	67
极端工况	1.20	80
生存工况	1.50	100
水压试验工况	1.35	90

注:许用应力系数＝$\sigma_{allowable}/\sigma_y$,$\sigma_{allowable}$ 是许用应力,σ_y 是材料最小屈服强度。

表 4-3 给出了典型 SCR 强度分析荷载工况矩阵。

表 4-3　SCR 强度分析荷载工况矩阵

工况类型	环境条件		浮 体	系泊系统	许用应力
	波 浪	海 流			
操作工况	十年一遇	关联的	完整	完整	$0.67\sigma_y$
	关联的	十年一遇	完整	完整	
	一年一遇	关联的	完整	一根断裂	
	一年一遇	关联的	单舱破损	完整	
极端工况	百年一遇	关联的	完整	完整	$0.8\sigma_y$
	关联的	百年一遇	完整	完整	
	十年一遇	关联的	完整	一根断裂	
	关联的	十年一遇	完整	一根断裂	
	十年一遇	关联的	单舱破损	完整	
	关联的	十年一遇	单舱破损	完整	
生存工况	百年一遇	关联的	完整	一根断裂	$1.0\sigma_y$
	关联的	百年一遇	完整	一根断裂	
	关联的	十年一遇	完整	两根断裂	稳定性校核
	百年一遇	关联的	单舱破损	完整	
水压试验工况	一年一遇	关联的	完整	完整	$0.9\sigma_y$
安装工况	一年一遇	关联的	完整	完整	$0.8\sigma_y$

除了满足压力标准外,SCR 强度设计还应满足以下设计限制:

① 柔性接头旋转角度的限制。在所有工况下,柔性接头旋转角度应不大于设计的最大允许转角。

② 立管不能受压的限制。对于所有情况,最小有效张力应保持为正值,以避免立管局部发生屈曲。

2) 分析方法

SCR 强度分析应考虑以下内容:

① 至少考虑浮体在远离、靠近和横向三个方向的偏移,如图 4-6 所示。

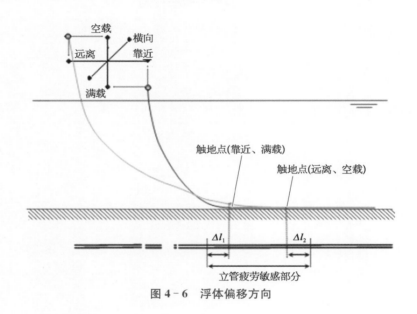

图 4-6 浮体偏移方向

② 对于 FPSO 来说至少考虑满载、半载和空载工况。

③ 所在工况都需要在十年一遇风暴或以上的环境条件下,并且在 5~10 个不同的随机种子的重现波浪下进行分析。

④ 对于单舱破损工况,在最危险的方向,可以于立管在浮体上的悬挂点直接输入最大静态横倾角。

⑤ 在确定用于 SCR 强度设计的船舶运动时,可以比较保守地采用船舶垂向重心的变化。

3) 分析模型

利用非线性有限元软件如 Flexcom 或 OrcaFlex 对 SCR 进行建模。

采用可变单元长度来最大化有限元分析效率,对关键区域进行网格细化以确保分析结果的准确性。在关键的悬垂段和触地区网格划分不能大于 1.0 m,而在悬挂点附近的单元划分不能大于 0.5 m。为了过渡平滑,相邻网格的比例保持在不超过 1.5。

海床上的立管段需要有足够长度(对于深水立管初始设计可取 200 m 左右),以确保海床边界对计算精度的影响最小化。深入分析后,海床上的立管长度可根据立管在极端工况浮体偏移状态下,立管的最远端不会发生偏移和拉离海床来确定。

SCR 顶部的柔性接头可以通过具有非线性旋转刚度的铰接元件来建模。对于立管与柔性接头的悬挂,应定义柔性接头的几何形状和材料特性,包括每个直线或锥形截面的内径和外径、材料强度和杨氏模量、力矩-挠度曲线和限制旋转角度。应该注意的是,强度分析和疲劳分析用的力矩-挠度曲线可以是不同的。

SCR 的海底端可以全部固定六个自由度,强度分析使用弹性海床模型。

典型 SCR 静态形状如图 4-7 所示。

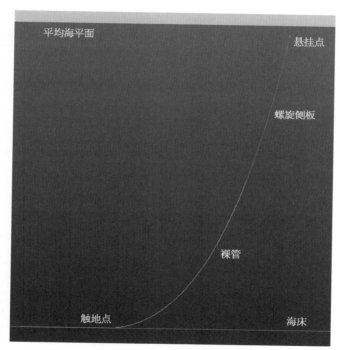

平均海平面　　　　悬挂点

螺旋侧板

裸管

触地点　　　　海床

图 4-7　典型 SCR 静态形状

4) 分析步骤

对每个选定的 SCR 进行非线性时域有限元分析,评估立管在极端工况的响应下立管的结构完整性。分析将通过以下四个步骤进行。

(1) 静态分析

确定 SCR 在任何船舶偏移、流作用下或动态之前的静态形状。

(2) 静态流和偏移分析

确定应用特定船舶偏移量和流的 SCR 形状。每根立管的分析都需在远离、靠近和横向三个方向进行。

（3）动态分析

确定 SCR 状态和响应。船舶运动时间历程由总体分析生成，参考点（质量重心）也需要作为输入数据，生成时间历程的波浪是由 100～200 个规则波成分组成的离散波浪谱。立管强度分析中的波分量需要与浮体总体性能分析中使用的波分量具有相同的振幅、频率和相位角，以确保立管强度分析与浮体总体性能分析一致。对所有情况进行 3 h 的时域分析。

（4）后处理

所在工况都需要在十年一遇风暴或以上的环境条件下，并且在 5～10 个不同的随机种子的重现波浪下进行分析。对于使用不同随机种子的分析结果，可以取其平均值作为极值。

4.3.4　钢悬链立管干涉分析

1）分析准则

相对于 TTR，SCR 在波流作用下的偏移更大，不仅在相邻立管之间，而且在立管与脐带缆、锚链、浮体之间也可能发生碰撞，需要进行干涉分析。

相对于 API RP 2RD 仅规定立管干涉不允许发生碰撞，DNV RP F203 明确规定相邻立管间的最小间距，因此在工程设计中多采用 DNV RP F203 作为立管干涉分析准则。

DNV RP F203 的立管干涉分析准则如下：

对于外径相等的立管，推荐的立管间距至少为外径的 2 倍。在外径不同的情况下，建议将外径之和作为验收准则。因此为了避免碰撞，要求最小间距 $\Delta \geqslant D_1 + D_2$，$D_1$ 和 D_2 为相邻立管外径。

2）分析假设

在干涉分析中，通常采用下面的假设：

① 假设剖面流的方向不随水深变化。

② 假设两根立管沿着流的方向位于同一平面上。

③ 仅对下游立管考虑尾流屏蔽效应。

④ 仅对上游立管考虑立管涡激振动引起的拖曳力系数放大。

⑤ 假设上游立管为空管，下游立管充满水。

由于来自上游立管的尾流效应，作用在下游立管上的流力被修正，修正后的流力用于计算下游立管受到的拖曳力。尾流效应使用 Huse 尾流模型进行建模。

上面这些假设将得到偏保守的结果。

3）分析步骤

通常按以下步骤进行立管干涉分析：

① 对上游立管进行静态分析得到上游立管构型。

② 对上游立管进行模态分析得到上游立管自振频率、模态和曲率,用于涡激振动分析。

③ 对上游立管进行涡激振动分析以获得百年一遇流的上游立管拖曳力放大系数,SCR 只需要考虑平面内的涡激振动模态。

④ 对上游立管进行静态分析,考虑拖曳力放大。

⑤ 对下游立管进行静态分析,考虑来自上游立管的尾流效应。

⑥ 计算沿整个长度的上游立管和下游立管之间的间隙。

下面以 Flexcom 软件和 Shear7 软件为例,立管干涉分析可以通过以下步骤进行:

① 利用 Flexcom 3D 模块对上游立管进行静态分析。

② 利用 Mode 3D 模块对上游立管进行模态分析。

③ 利用 Shear7 软件进行上游立管涡激振动分析。

④ 利用 Flexcom 3D 模块进行上游立管静态分析,考虑涡激振动分析得到的拖曳力放大系数。

⑤ 利用 Flexcom 3D 模块进行下游立管静态分析,考虑了上游立管的尾流效应。

⑥ 利用 Flexcom Clear 模块计算沿整个长度立管之间的间隙。

4.3.5 钢悬链立管疲劳分析

1) 分析准则

SCR 疲劳分析准则与 3.3.7 节中的 TTR 疲劳分析准则相同,要求 SCR 疲劳寿命大于或等于 SCR 使用寿命,SCR 疲劳寿命计算公式与 TTR 疲劳寿命计算公式相同,见式(3-1)。

2) 波致疲劳分析

波致疲劳分析通常由以下三个步骤组成。

(1) 立管静态分析

立管静态分析是基于开发的立管有限元模型进行的。SCR 有限元模型是使用非线性时域有限元程序(例如 Flexcom)创建的。采用可变单元长度来最大化有限元分析效率,对关键区域进行网格细化以确保分析结果的准确性。在触地区网格尺寸为 1 m,在悬挂区网格尺寸小于 0.5 m。为了使过渡平滑,相邻网格的比例一般保持不超过 1.5。

SCR 的海床端约束在六个固定的自由度上。在 SCR 顶部,柔性接点作为悬挂点连接。海床上的立管段需要有足够的长度(在深水立管初始设计时可取 200 m 左右),以确保海床边界对计算精度的影响最小化。在深入分析后,海床上的立管长度可根据立管在极端工况浮体偏移的状态下,立管最远端不会发生偏移和拉离海床。

在立管有限元模型中,海床模拟为具有纵向刚度和横向刚度的线性弹性基础,利用摩擦系数来模拟管土之间横向和纵向的相互作用,用弹簧模拟管土之间垂向的相互作用。

（2）立管动态分析

基于浮体总体运动分析生成的一阶和二阶浮体运动时间历程，对每个疲劳海况进行非线性时域动态分析。为保守起见，所有的疲劳波浪都假定为长期波，并保持与浮体总体运动分析中的风向和流方向相同。

对于长期疲劳分析，时域计算仿真时间不少于 1 h，对所有疲劳海况用同一个随机种子。分析的时间步长等于或小于 0.25 s，以保证计算结果的准确性。

（3）疲劳损伤计算

雨流循环计数法用于生成预先指定的疲劳热点的管体周围 8 个点的应力范围直方图。根据设计 S-N 曲线，计算这些应力范围的疲劳损伤。根据线性疲劳损伤累积准则，所有海况的长期损伤都会被合并，以获得每个热点的累积损伤，并计入它们的发生概率。

疲劳分析一般假定浮体在平衡位置附近做波频和低频运动。波频运动计算可以使用浮体运动 RAO，低频运动的幅度和周期可以根据浮体与锚泊系统进行非线性模拟计算，或者根据线性化的锚泊系统刚度结合浮体特性进行估算。另外，浮体在随机疲劳海况中的运动时历（包括波频和低频）也可以通过计算机软件如 AQWA、HARP、Flexcom、OrcaFlex 等采用一阶（波频）和二阶（低频慢漂）波浪力系数直接计算取得。需要注意的是，对于 TLP，因为张力腿刚度会引起高频垂向深沉与旋转运动（一般周期低于 5 s），在运动计算中这一部分也需要充分考虑。

除了长期的波致疲劳外，SCR 还需要校核在短期极端工况下的疲劳损伤，短期的疲劳损伤应不超过 10%。短期疲劳校核是独立的，不需要与其他疲劳损伤进行叠加。

SCR 疲劳设计的腐蚀裕量可以取为整个使用寿命规定厚度的一半。

3）涡激振动疲劳分析

涡激振动疲劳分析是立管疲劳分析的一部分，在立管总体疲劳寿命评估中，涡激振动疲劳通常考虑 20 倍的安全系数。

（1）分析模型

SCR 的有限元模型可以使用诸如 Flexcom 或 OrcaFlex 有限元分析软件来创建。模拟长度需要覆盖所有悬浮长度及海床上足够的长度，以考虑由浮体偏移造成的触地点变化。用于涡激振动疲劳分析的有限元模型的网格要求比强度分析或波致疲劳分析的网格更细。按经验的做法是，对于立管最高的自振模态，每个模态长度内至少应有 10 个单元。在海底静态触地点之后的立管应在六个自由度方向上进行约束。海床模拟为具有纵向刚度和横向刚度的线性弹性基础。涡激振动疲劳分析通常忽略海底摩擦。在 SCR 顶部，柔性接头的模拟要确保包含适当的旋转弹簧刚度。Flexcom 或 OrcaFlex 可用于获取 SCR 的静态形状，以及自然周期和模态。需要计算立管平面内和平面外的自然周期、模态形状和模态曲率。所得到的平面内和平面外模态的参数作为 Shear7 涡激振动疲劳损伤计算中的输入文件。

（2）分析假设

涡激振动疲劳分析采用了几个保守的假设：

① 所有的剖面流都假设为二维的，而实际的方向可能会随着水深而变化。

② 在预测平面内涡激振动响应时，假设所有流都沿垂直于立管平面的一个方向靠近立管，这会导致所有的疲劳损伤累积在管道横截面上的同一点，导致最大可能的平面内涡激振动疲劳损伤。分析平面外涡激振动响应时也采用相同的方法。

③ 所有剖面流的涡激振动疲劳分析都基于相同的立管平均位置和相同的平均海底接触点。对于研究的条件，最高的涡激振动疲劳损伤发生在海底接触点处并产生尖点，因此所有剖面流的海底接触点疲劳损伤累积在相同的海底接触点位置。事实上，随着船只移动，立管海底接触点不断移动，将涡激振动疲劳损伤扩散到一定长度的立管上，而不是集中在一个点上。

Shear7 是目前最常用的立管涡激振动疲劳分析软件，表 4-4 是利用 Shear7 进行立管涡激振动疲劳分析使用的参数。

表 4-4　涡激振动疲劳分析参数

参　　数	数　　值
应力集中因子	1.2
结构阻尼（临界）	0.3%
附加质量系数（裸管/带螺旋侧板管）	1.0/2.0
斯特劳哈尔数	Code 200（圆柱形粗糙表面）
升力系数换算系数（裸管/带螺旋侧板管）	1.0/0.18
模态截止数	0.7
折减速度双带宽（单模）	0.5
折减速度双带宽（多模）	对低于 20 的模态：0.2 对高于 20 的模态：0.1

（3）分析步骤

涡激振动疲劳分析包括以下三个步骤：

① 建立涡激振动疲劳分析的长期流分布图。

② 使用模式分析计算自振周期和模态形状。

③ 使用这些自振周期和模态形状作为输入文件，评估涡激振动疲劳损伤的已建立剖面流（例如使用 Shear7 软件）。涡激振动疲劳损伤是根据所有剖面流的累积损伤计算得出的。

4）涡激平台运动疲劳分析

当流体以特定速度流过圆柱形结构（如半潜式柱、SPAR 筒体、浮筒等）时，可能发生周期性涡流脱落，使浮体产生垂直于流方向的振荡，这种现象被称为涡激平台运动。

为了评估长期流作用于平台而产生的立管涡激平台运动疲劳,需要对 SCR 进行涡激平台运动疲劳分析。

（1）幅值计算

涡激平台运动幅度取决于流速及浮体的大小和形状。涡激平台运动可能导致立管的疲劳损伤。

影响浮体涡激平台运动的关键参数有斯特劳哈尔数(Sr)、折减速度(V_r)和无量纲的涡激平台运动振幅 A/D。

Sr 涉及涡流脱落的频率、自由流速度和立管直径,计算公式为

$$f_s = \frac{SrU}{D} \tag{4-8}$$

式中　Sr——斯特劳哈尔数;

　　　f_s——涡流脱落频率(Hz)。

平滑和粗糙表面固定圆柱的 Sr 和 Re 之间的关系如图 4-8 所示。

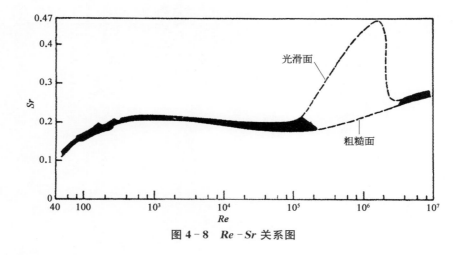

图 4-8　Re-Sr 关系图

这些 Sr 可以用作初始近似值,以计算圆柱形结构(如半潜式柱)在流中的涡流脱落频率。

V_r 是一个无量纲参数,它将立管运动与立管直径联系起来,表达式为

$$V_r = \frac{UT}{D} \tag{4-9}$$

式中　V_r——折减速度;

　　　T——浮体/锚泊系统的自振周期;

　　　D——立柱投影到垂直于自由流动方向的平面上的特征宽度。

无量纲振幅是振动幅度与结构投影宽度的比值：

$$无量纲振幅 = A/D \qquad\qquad (4-10)$$

式中　A——涡激平台运动标称幅度。

根据以往项目经验，像 SEMI-FPS 这样的浮体具有以下三种涡激平台运动响应特性：

① 预锁定：船体几乎不振荡，$V_r < 4$。

② 锁定：船体以谐波摆动共振响应振荡，$4 \leqslant V_r \leqslant 8$。

③ 后锁定：船体振荡随速度增加而下降，$V_r > 8$。

SCR 设计的涡激平台运动计算步骤描述如下：

① 定义预测涡激平台运动响应的长期流分布图。

② 获得垂直于流向的浮体自振周期。

③ 计算折减速度。

④ 计算 SEMI-FPS 在特定的流曲线的涡激平台运动振幅。

图 4-9 显示了一个典型的四立柱 SEMI-FPS 在对角线流（45°）、平行流（0°）和斜向流（22.5°）下的涡激平台运动响应。可以观察到，涡激平台运动响应主要取决于流方向和折减速度的范围。

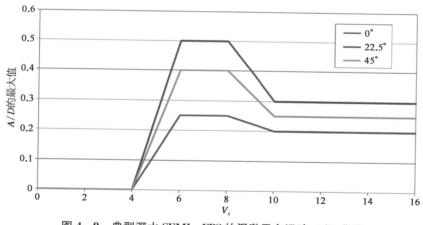

图 4-9　典型深水 SEMI-FPS 的涡激平台运动 A/D 曲线

（2）分析方法

涡激平台运动疲劳分析中的 SCR 模拟与波致疲劳分析中的 SCR 模拟相同。

对于涡激平台运动疲劳损伤计算，一旦计算出流的折减速度，通过 CFD 模拟或模型试验可以得到 A/D 分布和相应的振幅。根据浮体受到流的作用时间和自振周期可以获得浮体振动次数。通过施加具有相应振幅和周期的振荡运动确定由涡激平台运动引起的立管动态响应，获得动态应力范围。仿真计算的时间要足够长，通常是自振周期的 10 倍，以确保达到稳定的响应，而后使用雨流计数法计算疲劳损伤。

4.3.6　钢悬链立管安装分析

1）分析要求

（1）一般要求

作为最低要求，需要根据相关的安装控制标准进行静态管道铺设分析，并且要涵盖所有铺管作业。静态分析结果将用于确定经过优化的每个安装工况的形态。静态分析应该包含足够的步骤来确定操作中最关键的步骤。

对于每个安装工况中危险的状态，需要进行动态分析。动态分析应该包括以下因素：

① 管线的质量、机械性能和物理尺寸。

② 由于环境荷载而造成船舶运动。

③ 作用在管线的波浪和流的荷载。

④ 船舶偏离其原始位置。

⑤ 任何其他导致名义管道应力发生显著变化的因素（如钻孔接头处的应力集中）。

每个安装阶段的限制海况，需要通过动态分析的结果来确定。

对于卷盘分析，应评估管道残余椭圆度，并根据 API RP 1111 确定最大允许安装弯曲应变。允许安装弯曲应变应取决于管道初始椭圆度和卷绕引起的椭圆度之和，弯曲应变的安全系数不小于 2.0。

（2）步骤和图纸

每个步骤和图纸都应有详细的计算和分析支持，这些步骤和图纸应符合相关标准和规范的要求。至少需要提交以下资料：

① 详细的管道安装步骤、图纸和相关详细分析，描述在施工作业期间用于控制安装应变、应力和张力监测的程序和方法，其中包括但不限于正常安装、卷起评估以确定卷起和矫直过程中的管道应变、安装启动和终止、弃管和回收。

② 管道和其他操作的吊装程序。

③ 无损检测（NDT）程序。

④ 涂层检查/修理程序。

⑤ 管道焊接和焊接修复程序。

⑥ 现场接缝涂层和涂层修复程序。

⑦ 安装前要测试的部件的静水压测试程序。

⑧ 调查，ROV 和定位程序。

⑨ 管道和其他材料的运输、处理和储存程序。

⑩ 监测天气状况并确定停止工作、弃管和撤离的标准程序。

⑪ 修理干管或破管屈曲损坏的流程。

⑫ 标注完整尺寸的管道布局配置图，其中包含与卷盘相关的详细信息。

⑬ 船舶监视圆图，描绘不同运行条件下的最大允许船舶偏差，确保管道不超过允许

的弯曲应变,并且管线安装在规定的通行权限内。

⑭ 测量、充水、水压力测试和排水所需的程序和设计。

⑮ 弃管和回收程序(包括应急、干管和充水情况)。

⑯ 海底结构(PLET)的启动和安装程序。

2) 分析验收标准

安装分析验收标准包括允许的安装应变、疲劳损伤、涂层强度要求等,均基于过去的项目经验,具体标准可能因项目、运营商或公司而异。

(1) 允许的安装应变

根据 API 1111 的要求,使用静态分析方法安装时,SCR 的最大允许弯曲应变不应超过表 4-5 中列出的限制值,动态分析的弯曲应变可以增加 20%。

表 4-5　最大允许弯曲应变

位　　　置	最大允许弯曲应变/%
悬垂区	0.15
弯曲区域	0.20

卷管过程中施加的最大弯曲应变不得超过 2.5%,且不得超过管道发生弯曲压溃的应力。在无张力的情况下,矫直设置应具有将卷管矫直至残余弯曲应变为 0.05% 或更低的能力。

(2) 允许的疲劳损伤

管道和立管的疲劳损伤控制是值得注意的,因为疲劳损伤通常是关键的设计因素。安装时允许的疲劳损伤不应超过表 4-6 中列出的限制值。

表 4-6　安装时允许的疲劳损伤

用　　　途	疲劳损伤
SCR 及疲劳敏感的管线	$\eta_{sf} D_{ins} \leqslant 0.01$
疲劳不敏感的管线	$\eta_{sf} D_{ins} \leqslant 0.05$

注:η_{sf}—安装安全系数,不小于 3.0;D_{ins}—安装引起的疲劳损伤率。

(3) 绝缘涂层强度

用于评估管道热绝缘的结构荷载。安装过程中要保持绝缘涂层的结构完整性。绝缘涂层不应受到任何损坏,否则将可能影响立管的性能。

(4) 局部屈曲和椭圆化

尽管之前给出了允许的应力和应变限制,但要确保在安装过程中弯曲、拉伸和外部静水压力的综合影响不会使管道发生局部屈曲,应采用业界公认的局部屈曲分析方法,分析中应考虑初始管道的椭圆度。最小初始椭圆度可以取为1%。卷管铺设安装应该包含卷取过程中的附加椭圆度。应该确保所使用的设备和技术在任何时候都不会使管道发生压缩。

3) 分析工具和仿真技术

(1) 分析工具

能够进行立管安装分析的软件有 OrcaFlex、Pipelay、OFFPIPE 等。

OrcaFlex 软件是由 Orcina 开发的海洋动力学程序,用于各种海洋系统(刚性和柔性)的静态和动态分析。它是一种三维非线性时域有限元程序,能够处理流体静力学和流体动力学效应及荷载。它是使用最广泛的立管分析工具,尤其适用于安装工程。由于其图形用户界面设计方便,安装设备易于实施,因此更适合立管安装分析。

Pipelay 是 MCS 最新开发的软件,用于模拟海上管道和立管的安装。

OFFPIPE 是一种有限元分析程序,专门为海上管道和立管安装时遇到的非线性建模和结构分析问题而开发。它可用于检查 S 形铺设过程中由于集中荷载而导致的立管应力。

(2) 分析输入数据

立管安装分析所需的输入数据至少包括但不限于以下内容:

① 油田数据,如水深、海底剖面等。

② 管道和材料数据,包括钢材等级、外径、壁厚、涂层性能等。

③ 浮力模块属性。

④ 环境条件,包括流剖面、风浪信息等。

⑤ 铺管船的数据,包括船上的设备(如托架、J 形铺设塔、绞车、张紧器、推进和定位器)及其能力定额。

⑥ 安装船的 RAO 数据。

(3) 静态分析

在静态分析中,管道放线运动和船舶速度在模型中没有被考虑,因为放线运动和船舶速度被假定为非常缓慢。船舶被认为固定在某一水深处的位置,根据重量、刚度和浮力分析管道悬链线平衡状态。

(4) 动态分析

在动态分析中,选择静态分析确定的危险状态来执行动态分析,以确定以下内容:

① 限制海况。

② 限制海况下的临界荷载。

动态分析将在指定的时间段内执行。

根据限制海况来寻找安装过程的优化。动态和静态分析之间可能需要进行几次迭代。

动态分析需要输入安装船作业吃水下的 RAO 数据。

第 5 章　柔　性　立　管

柔性管由于具有良好的动态性能、耐腐蚀性,便于铺设安装、回收再利用等特点,在深水油气田开发中得到广泛应用。根据柔性管的受力特点,柔性管分为静态和动态两类,其中静态柔性管主要用作海底管道,动态柔性管主要用作连接水下结构和水面上浮体的立管及钻井节流压井跨接软管。柔性立管的应用始于20世纪70年代末,最初柔性立管应用于良好的气候环境中,如巴西近岸、远东、地中海等海域。随着柔性立管技术快速进步,如今柔性立管已应用于环境条件恶劣的北海、墨西哥湾等海域。

同钢悬链立管相似,柔性立管也存在自由悬链形、缓波形、陡波形、缓S形、陡S形等多种型式。柔性立管设计流程与钢悬链立管基本相同,柔性立管与钢悬链立管设计的最大区别在于立管截面设计。同钢悬链立管简单的单层钢管或双层钢管截面相比,柔性立管截面通常包括骨架层、内压密封层、抗压铠装层、抗磨层、抗拉铠装层、保温层、包覆层等,最多可达19层,结构更加复杂,设计也更加复杂。

5.1　柔性立管型式

根据制造工艺的不同,柔性管可分为粘结柔性管和非粘结柔性管两类。在粘结柔性管中,通过挤压、成型和硫化等特殊工艺将金属加强件和弹性体材料黏结在一起,两者间不允许相互滑动;而在非粘结柔性管中,金属层和非金属聚合物层单独缠绕或挤塑到管上,层间允许相互滑动。粘结柔性管轴向刚度小、抗挤压能力低,而且受制造工艺限制,制造长度有限,通常在12～200 m,不适于用作海底管道和立管,常用作卸油漂浮柔性管和钻井节流压井跨接软管。非粘结柔性管抵抗外压和轴向拉力强,可以连续长距离制造,适用于海底管道和立管。下面所有介绍均针对非粘结柔性管。

柔性立管与SCR相似,也有许多不同型式,包括自由悬链形、缓波形、陡波形、缓S形、陡S形、顺波形及中国灯笼形,如图5-1所示。

1) 自由悬链形

自由悬链形立管是深水中应用最广泛的,这种结构在立管随着浮体上下运动时,没有垂荡调节要求,立管只是被简单地提起或下放到海床上。深水时由于立管长度较大,所以顶部的拉力也会很大,为减少顶部拉力可能在立管顶端加浮块。表面的运动直接传到底部接触点,这就意味着立管在底部接触点会发生过度弯曲或是受压失效。最剧烈的运动就是来自一阶浮体运动的垂荡。

自由悬链形立管是最简单的配置型式,由于其水下的基础设施少,安装费用最低。但是自由悬链形立管需要承受由船舶运动引起的强烈荷载。此型式的立管只是简单地

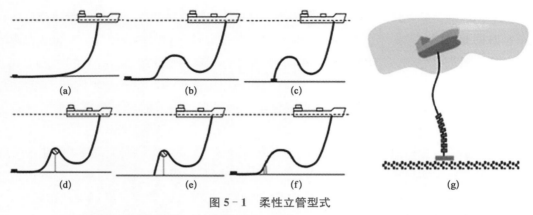

图 5-1 柔性立管型式

(a) 自由悬链形；(b) 缓波形；(c) 陡波形；(d) 缓 S 形；(e) 陡 S 形；(f) 顺波形；(g) 中国灯笼形

吊起或下放到海底，在船舶剧烈运动时，其底部的接触点就像受到屈曲压缩荷载，抗拉铠装层就会发生屈曲。

2) 缓波形和陡波形（图 5-2）

波浪形立管的结构形状及功能与 S 形相同，但是波浪形立管增加的不是一个浮筒而是浮力模块，且重量沿立管长度方向分布，这样对立管更有利。分布的重量及浮力很容易形成立管需要的形状。

波浪形立管需要沿立管长度方向增加重量及浮力以从底部接触点减弱船舶运动。由于缓波形需要的水下基础设施少，所以优先选择缓波形。但是如果管线内部介质的密度发生了变化，可能引起缓波形的形状变化。陡波形需要水下基础、水下抗弯器，其在立管内部介质密度发生变化时可以保持原来形状不变。

浮块是由低吸水率的复合泡沫制成。浮块需要紧紧固定在立管上避免滑动，浮块滑动会改变立管型式，可能使立管的铠装层产生高应力。浮块使用时间过长易发生浮力损失，波浪形立管设计时需要考虑 10% 的固有浮力调节能力。

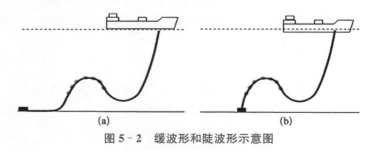

图 5-2 缓波形和陡波形示意图

(a) 缓波形；(b) 陡波形

3) 缓 S 形和陡 S 形（图 5-3）

S 形立管结构系统中含有一个中水浮筒，中水浮筒用链固定在海床上，浮筒的增加可以解决底部接触点压缩屈曲等问题。由于 S 形结构安装复杂,所以仅在特定区域自由悬链形和波浪形不合适时才考虑。缓 S 形结构需要一个中水浮拱、系链及系链基础,而陡 S 形结构需要一个浮筒及水下弯曲加强筋。立管响应由浮筒的水动力推动。由于大的惯性力作用,所以需要建立复杂的模型。如果发生大的船舶运动,缓 S 形在立管底部仍可能产生压缩问题。

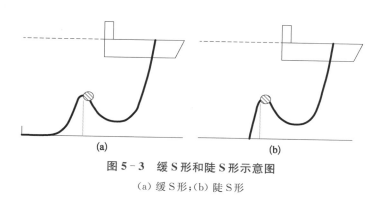

图 5 - 3　缓 S 形和陡 S 形示意图
(a) 缓 S 形;(b) 陡 S 形

4) 顺波形(图 5 - 4)

顺波形与陡波形相似,但是顺波形具有水下锚固基础来控制底部接触点,也就是说立管上拉力传到锚固基础上而不传到底部接触点上。

顺波形在流体密度变化较大及船舶运动时不会引起立管形状过大变化,也不会在立管上产生高应力,但是由于水下安装复杂,所以仅在自由悬链形、缓波形和陡波形不可行时才被采用。

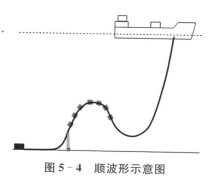

图 5 - 4　顺波形示意图

5.2　柔性立管组成

柔性立管由柔性管和附属构件组成。附属构件主要包括端部接头、限弯器、抗弯器、浮块和浮拱,如图 5 - 5 所示。

1) 柔性管

非粘结柔性管由金属和非金属材料组成,通常由骨架层、内压密封层、抗压铠装层、抗屈曲层、抗磨层、抗拉铠装层、中间包覆层、保温层、外包覆层等组成。柔性管最里层

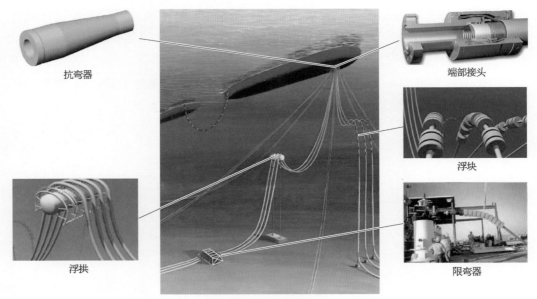

图 5－5 柔性立管附属构件示意图

抗弯器　　端部接头　　浮块　　浮拱　　限弯器

可以是骨架层,也可以是内压密封层。当以骨架层作为柔性管最内层时称为粗糙内壁柔性管,当以内压密封层作为柔性管最内层时称为光滑内壁柔性管。图 5－6 是典型的非粘结柔性管结构。骨架层为互锁结构,用于抵抗静水压溃和挤压荷载,可采用铁素体不锈钢(AISI 409、430)、奥氏体不锈钢(AISI 304、304L、316、316L)、双相不锈钢(UNS S31803)、镍基合金钢 (N08825)等材料。内压密封层用来保证输送物流的密封性,由聚合物材料挤出成型,对于物流温度在－50～65℃时常选择高密度聚乙烯(HDPE),在－20～80℃时常选择尼龙 11(PA－11),在－50～95℃时常选择交联聚乙烯(XLPE),在－20～130℃时常选择聚偏氟乙烯(PVDF)。抗压铠装层承受内压引起的环向应力,增强抵抗压溃及挤压能力,由与管轴成近似 90°的异形钢互锁缠绕而成。抗拉铠装层承受轴向荷载和扭转荷载,以 20°～60°成对反向缠绕。保温层为防止热量流失采用复合泡沫塑料(PP/

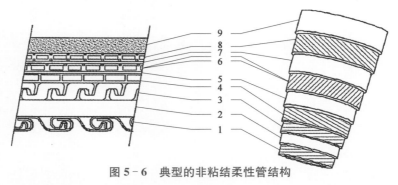

图 5－6 典型的非粘结柔性管结构

1—骨架层;2—内压密封层;3—抗压铠装层;4、5、7—抗磨层;6—内抗拉铠装层;8—外抗拉铠装层;9—外包覆层

PVCC)缠绕而成。外包覆层由聚合物挤塑而成,防止机械损坏后内部抗压铠装层、抗拉铠装层钢材浸入海水而被腐蚀失效,可选择 HDPE、中密度聚乙烯(MDPE)或 PA－11 制成。

下面对柔性管各层结构进行介绍。

（1）骨架层

骨架层是互锁金属结构(图 5－7),通常用作粗糙内壁柔性管最内层,用于防止因外压、内部压降、机械挤压造成柔性管压溃,也可用在柔性管外部以保护柔性管。骨架层材料可以是碳钢或不锈钢。

图 5－7　骨架层互锁结构示意图

（2）内压密封层

内压密封层可作为光滑内壁柔性管的最内层,也可用于粗糙内壁柔性管骨架层外,用来密封管内流体。内压密封层由聚合物挤塑而成,常用的内压密封层材料有聚乙烯(PE)、XLPE、PA－11、PA－12 和 PVDF。内压密封层可以根据需要设置许多子层。

（3）抗压铠装层

抗压铠装层由互锁金属结构组成,接近 90°缠绕在管子上,常见的抗压铠装层互锁结构有 Z 形、C 形和 T 形,如图 5－8 所示。抗压铠装层能够增加柔性管抵抗内外压力和机械挤压荷载的能力。

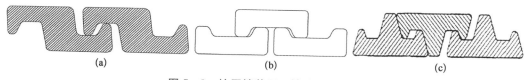

(a)　　　　　　　　　(b)　　　　　　　　　(c)

图 5－8　抗压铠装层互锁结构示意图

(a) Z 形;(b) C 形;(c) T 形

（4）抗磨层

抗磨层是缠绕在金属结构层之间的热塑性材料,用于减小金属层间的磨损。常用的抗磨层材料有 PA、PVDF 和 HDPE。

（5）抗拉铠装层

抗拉铠装层是由金属丝螺旋缠绕而成的结构层,缠绕角度通常在 20°～55°,用于承受全部或部分的拉力和内压。抗拉铠装层通常成对反向缠绕,常用的材料有碳钢和不锈钢。

（6）中间包覆层

中间包覆层位于内压密封层和外包覆层之间的挤塑聚合物层,用于避免外包覆层破裂、外环空充水时,内环空充水。中间包覆层材料有 HDPE、XLPE、PVDF 和 TPE。

（7）保温层

保温层通常位于外抗拉铠装层和外包覆层之间,用来提高柔性管的保温性能。保温层材料有 PP、PVC 和 PU,被制成带状缠绕到管子上。

（8）外包覆层

外包覆层位于柔性管外面,是用来保护管子以防止海水和其他外部环境物质渗入、腐蚀、磨损和机械破坏的聚合物层。外包覆层材料有 HDPE、PA 和 TPE。

2）端部接头

端部接头是柔性管必不可少的一部分,安装在柔性管两端,由金属件、密封件和环氧树脂组成。端部接头的作用是密封柔性管各层以免发生泄漏,并将柔性管所受荷载传递到端部连接器上。

端部连接器是端部接头不可分割的一部分,端部连接器有螺栓法兰、管夹、专用连接器、焊接接头（两个接头焊接在一起）,端部连接器的选择依赖于操作及使用要求。

一般用于端部接头的材料为 AISI 4130 钢或者合金不锈钢（双相不锈钢或 6 钼不锈钢）。端部接头材质和防腐蚀涂层的选择根据是应用功能,特别是内部、外部环境。端部接头材质和防腐蚀涂层应符合 ISO 13628-2 的要求。图 5-9 是端部接头结构图,图 5-10 是端部接头与柔性管的连接图。

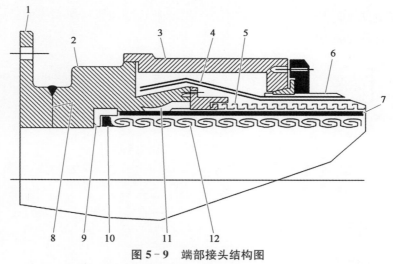

图 5-9　端部接头结构图

1—法兰盘;2—端部接头罩（内套管）;3—端部接头罩（外套管）;4—抗拉铠装层
（埋在环氧树脂中）;5—抗压铠装层;6—外包覆层;7—内压密封层;8—端部接头
颈部;9—绝缘体;10—骨架层端部环;11—密封环;12—骨架层

3）限弯器

当静态柔性管连接到水下井口、水下管汇等结构物上时,为了防止柔性管与水下结

图5-10　端部接头与柔性管的连接图

构物连接处发生过大变形,通常设置限弯器。限弯器通过机械的方式控制柔性管弯曲不超过允许的最小弯曲半径。限弯器由一些安装在管周围的紧扣在一起的联锁半环组成,当弯曲半径大于一定值之前,其对管不产生作用,当弯曲半径小于限值时,这些联锁半环将会扣紧。限弯器构件可由金属材料、抗蠕变弹性体或玻璃纤维增强塑料制成。所用材料都应根据特定环境选定,且确保具有足够的抗腐蚀性能。

限弯器由聚氨酯互锁元件、元件紧固件和接口钢结构件组成,主要用于与刚性结构连接的柔性管上,防止柔性管过度弯曲,用于静态应用。图5-11是限弯器示意图。

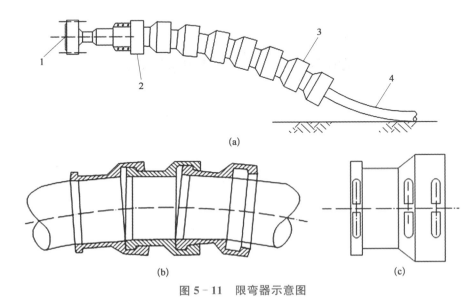

图5-11　限弯器示意图

（a）安装有限弯器的柔性管;（b）限弯器处于锁扣位置;（c）侧视图
1—端部接头;2—端部卡环;3—限弯器;4—海底管线

4）抗弯器

抗弯器一般为倒锥形，由聚氨酯浇注成型（图 5－12），主要用于柔性立管与刚性连接端的连接处，增加立管的局部刚度，从而减小立管局部端部应力，防止柔性管过度弯曲，保护柔性管。主要用于动态应用。

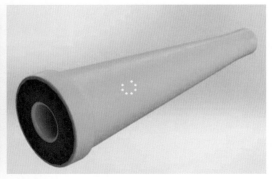

图 5－12　抗弯器实物图

限弯器是机械地防止管道过弯，而抗弯器用于局部加强挠性管的刚度。

5）浮块

浮块能提供均布的浮力荷载，使立管保持设计的形状。浮块由内部夹具及浮力件两部分组成（图 5－13），浮力件提供浮力，内部夹具将浮力件固定在立管上，内部夹具通过螺栓连接到立管上，将浮块与立管的轴向移动锁住。浮力件通常由两个完全相同的复合泡沫塑料半块组成。国际上浮块主要供应商有特瑞堡公司、巴尔莫公司和 Matrix 公司。

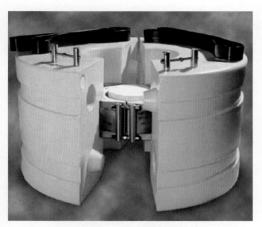

图 5－13　浮块结构实物图

6）浮拱

浮拱包括拱结构、系泊系统、海底锚基础。拱结构是一钢框架，框架里布置一个浮力元件,如图 5-14 所示。立管通过夹紧系统固定在拱结构的沟内,防止变形小于立管的最小弯曲半径。系泊系统将浮拱连接到海底锚基础上,通常由端部连接的钢链、各种钩链、平板组成。海底锚基础将浮拱固定在海底,可以是重力基础、吸力桩结构。

图 5-14　浮拱结构示意图

5.3　柔性立管设计

5.3.1　柔性立管设计流程

按照 API RP 17B,柔性立管设计具体流程如图 5-15 所示,柔性立管设计包含以下七个阶段:型式选取;材料选择;截面设计;系统构型设计;动态设计分析;详细设计;安装设计。

在柔性立管开始设计前,先要编制设计基础文件。在设计基础文件中,至少应包括对以下内容的说明或规定:

① 柔性立管的功能要求。

② 采用的设计标准。

③ 各种设计参数(包括输送介质的温度、压力、化学成分等参数,波浪流等环境条件参数,土壤参数、浮体运动参数等)。

④ 设计工况。

⑤ 设计方法和验收准则。

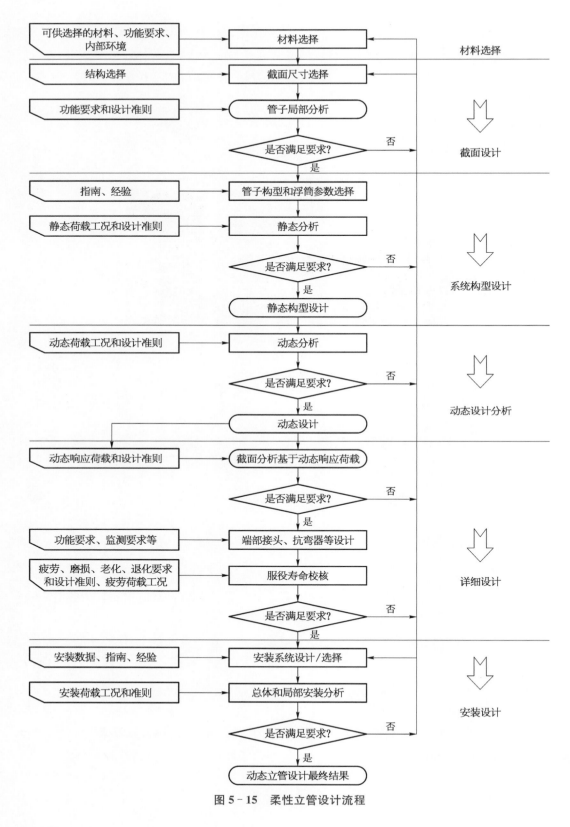

图 5-15　柔性立管设计流程

5.3.2 柔性立管型式选取和材料选择

柔性立管型式应根据柔性立管的功能要求（静态应用还是动态应用）、应用水深、输送介质性质（是否具有腐蚀性、是否需要保温、是否高压等）及经验等确定。

柔性立管各层材料应根据柔性立管内部环境（输送介质）、功能要求及柔性立管各层常用材料的性能来进行选择。表 5-1 是柔性立管各层常用材料和功能要求。

表 5-1 柔性立管各层可供选择的材料和功能要求

结 构 层	常 用 材 料	功 能 要 求
骨架层	碳钢 铁素体不锈钢（AISI409、430） 奥氏体不锈钢（AISI304、304L、316、316L） 双相不锈钢（UNSS31803、2205、2507） 镍基合金钢（N08825）	① 机械性能 ② 耐腐蚀性 ③ 可焊性
内压密封层	HDPE PA-11 XLPE PVDF	① 流体相容性 ② 温度（℃）： HDPE：-50~60 PA-11：-20~80 XLPE：-50~90 PVDF：-20~130
抗压铠装层	碳钢 合金钢	① 机械性能 ② 可焊性
抗拉铠装层	碳钢 合金钢	① 机械性能 ② 可焊性
中间包覆层	HDPE MDPE PA-11	温度
保温层	PP PVC PU	① 保温性能 ② 抗压性能
外包覆层	HDPE MDPE PA-11	① 耐磨性 ② 温度

5.3.3 柔性立管截面设计

截面设计分两步：

① 根据经验初估柔性立管各层尺寸。

② 根据柔性立管各层可能的失效，对柔性立管进行局部分析，确定第一步初估的尺寸是否满足表 5-2 中 API 17J 规定的柔性立管各层设计准则。如果不满足，则重新估

算尺寸,直至满足要求。如果通过调整尺寸仍无法满足,则需要返回材料选择或型式选取阶段,重新选择材料或型式。

对于骨架层厚度的估算应当考虑可能的磨损和腐蚀。

在该阶段选取的截面参数,需要在后面的详细设计阶段进行验证。

表 5-2 柔性立管设计准则

设 计 准 则	操 作 工 况		静水压力测试
	正常操作	正常极端操作	
骨架层许用 UC 值	0.67 $(D_{max}-300)/600)\times0.18+0.67$ 0.85		$D_{max}\leqslant300$ m 300 m$<D_{max}<$900 m $D_{max}\geqslant900$ m
内压密封层蠕变	厚度蠕变最大减少量小于厚度的 30%		
内压密封层弯曲应变	PE/PA:7.7% PVDF(静态):7.0% PVDF(动态):3.5%		
抗压铠装层许用 UC 值	0.55	0.85	0.91
抗拉铠装层许用 UC 值	0.67	0.85	0.91
中间包覆层应变	PE/PA:7.7%		
外包覆层应变	PE/PA:7.7%		

1) 骨架层尺寸设计

骨架层的主要作用是支撑内压密封层,抵抗外部压力,所以在进行骨架层设计时,主要依据骨架层抗外压的能力。柔性立管的外压主要是由水深产生的压力,骨架层通常设计为互锁的 S 形。

对于 S 形骨架层缠绕角度接近 90°,其截面形状由平直部分和弯曲部分组成,如图 5-16 所示。

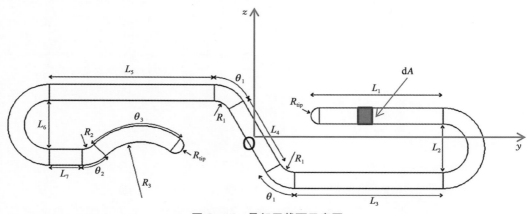

图 5-16 骨架层截面示意图

由于骨架层截面的复杂性,因此用理论方法来分析是不可行的。但是由于骨架层截面以接近 90°的角度互锁而成,在立管纵向方向形成一个类似圆管的几何形状,因此单位长度的该圆管可被当作一个圆环。圆环所能承受的最大外压为

$$P_0 = \frac{3}{R^3} \frac{E t_{\text{equivalent}}^3}{12} = \frac{3}{R^3} (EI)_{\text{equivalent}} \tag{5-1}$$

式中　R——等效半径;

$t_{\text{equivalent}}$——等效厚度;

E——材料的弹性模量。

式(5-1)中 EI 为单位长度圆管的弯曲刚度,因此如果已知骨架层单位长度的等效弯曲刚度,就能获得其所能承受的最大外压。

骨架层截面在外压下的失效取决于制作过程中产生的初始缺陷,最重要的缺陷为初始椭圆度。有缺陷的截面所能承受的最大外压比式(5-1)中所得数值更小,可根据铁摩辛柯提及的公式进行修正。

在骨架层设计过程中,首先将 S 形截面互锁骨架层圆管等效为实壁圆管,根据铁摩辛柯壳屈理论对实壁圆管施加水压和渗透气体等压力进行应力校核,判断骨架层应力是否满足要求。

2) 内压密封层尺寸设计

内压密封层的作用是形成一个密封的空间,保证内部介质的输送。

由骨架层外径确定内压密封层的内径,根据内压密封层的加工工艺和蠕变量确定内管层厚度和外径。防止裂缝扩展影响到整个输送的要求,内压密封层可以根据需要设计成单层或多层。

3) 抗压铠装层尺寸设计

抗压铠装层的主要作用是抵抗内部的输送压力,其截面形式可以是 Z 形、C 形、T 形等,主要是由厂家的抗压铠装层设备决定的。

4) 抗磨层尺寸设计

由抗压铠装层、抗拉铠装层、保温层外径确定抗磨层内径,根据抗磨层加工工艺和经验确定抗磨层厚度和外径。抗磨层尺寸确定主要依据经验值及设备的制造能力。

5) 抗拉铠装层尺寸设计

抗拉铠装层主要作用是承受轴向拉力,轴向拉力主要是由内压和外部水压等产生。在初步设计时,通过内压值计算得出轴向拉力,利用轴向拉力初步估算抗拉铠装层尺寸;同时考虑抗拉铠装层设备的制造能力、扁钢的覆盖率等因率,确定扁钢的尺寸。

6) 中间包覆层尺寸设计

由抗拉铠装层、抗磨层尺寸确定中间包覆层内径,根据中间包覆层加工工艺和经验确定中间包覆层的厚度和外径。

7) 保温层尺寸设计

由中间包覆层外径确定保温层内径,根据柔性立管总传热系数确定保温层的厚度和外径。

8) 外包覆层尺寸设计

由保温层和抗磨层尺寸确定外包覆层内径,根据外包覆层加工工艺和经验确定外包覆层的厚度和外径。外包覆层可以是单层或双层结构。采用双层结构主要考虑到最外层包覆受外力破坏时,裂缝扩展不会影响到里面一层的外包覆,不会影响柔性立管的使用。

根据柔性立管整体结构功能和设计准则,对柔性立管进行截面设计分析,得到柔性立管的刚度(弯曲刚度、轴向刚度、扭转刚度)、总传热系数、弯曲半径(最小弯曲半径、存储弯曲半径和操作弯曲半径)和极限轴向拉力等截面特性。

9) 弯曲刚度

由于骨架层及抗压铠装层的绕角接近 90°且为柔性连接,故对总体弯曲刚度的贡献在初始设计时可不予考虑。拉伸钢丝对初始弯曲刚度有影响,但在一定弯曲曲率时产生滑移,为保守起见,总体弯曲刚度设计时也可暂不考虑。包覆层如果为带状缠绕,通常绕角接近 90°,对弯曲刚度影响也不予考虑。

因此弯曲刚度计算只考虑聚合物层:

$$EI = \sum_{i=1}^{M} \frac{\pi E_i}{64}(D_i^4 - d_i^4) \tag{5-2}$$

式中　D_i——聚合物层的外径;

　　　d_i——聚合物层的内径;

　　　E_i——聚合物材料的弹性模量。

10) 轴向刚度

骨架层及抗压铠装层的绕角接近 90°,对总体轴向刚度的贡献在初始设计时可不予考虑。

轴向刚度计算考虑聚合物层和抗拉铠装层。

聚合物层轴向刚度计算公式如下:

$$EA = \sum_{i=1}^{M} E_i A_i \tag{5-3}$$

式中　E_i——聚合物材料的弹性模量;

　　　A_i——聚合物层的截面面积。

抗拉铠装层轴向刚度计算公式如下:

$$EA = \sum_{i=1}^{M} n_i E_i A_i \cos\alpha_i (\cos^2\alpha_i - \nu\sin^2\alpha_i) \tag{5-4}$$

式中 n_i ——单层抗拉铠装层中的扁钢根数;

$\quad\quad E_i$ ——抗拉铠装层材料的弹性模量;

$\quad\quad A_i$ ——抗拉铠装层扁钢的截面面积;

$\quad\quad \alpha_i$ ——扁钢的缠绕角度;

$\quad\quad \nu$ ——抗拉铠装层整体的泊松比。

11) 扭转刚度

扭转刚度计算考虑聚合物层和抗拉铠装层。

聚合物层扭转刚度计算公式如下:

$$GJ = \sum_{i=1}^{M} G_i J_i \qquad (5-5)$$

式中 G_i ——聚合物材料的剪切模量;

$\quad\quad J_i$ ——聚合物层的截面极惯性矩。

抗拉铠装层扭转刚度计算公式如下:

$$GJ = \sum_{i=1}^{M} n_i E_i A_i r_i^2 \sin^2 \alpha_i \cos \alpha_i \qquad (5-6)$$

式中 n_i ——单层抗拉铠装层中的扁钢根数;

$\quad\quad E_i$ ——抗拉铠装层材料的弹性模量;

$\quad\quad A_i$ ——抗拉铠装层扁钢的截面面积;

$\quad\quad \alpha_i$ ——扁钢的缠绕角度;

$\quad\quad r_i$ ——抗拉铠装层中半径。

12) 弯曲半径

柔性立管能够弯曲到的最小半径叫作最小弯曲半径(MBR),如图 5-17 所示。

在计算最小弯曲半径时,各结构的最小弯曲半径应分别计算。对于螺旋缠绕的铠装层,最小弯曲半径主要考虑相邻绕组间间隙关闭的情况,聚合物层主要考虑由于应变达到最大值时的弯曲半径。整管的最小弯曲半径应为各结构层最小弯曲半径的最大值:

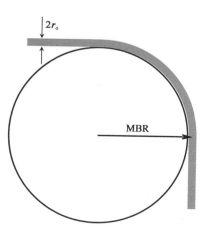

图 5-17 最小弯曲半径示意图

$$\mathrm{MBR} = \max\{R_{1\min}, R_{2\min}, R_{3\min}, R_{4\min}\} \qquad (5-7)$$

式中 $R_{1\min}$ ——各聚合物层的最小弯曲半径;

$\quad\quad R_{2\min}$ ——骨架层的最小弯曲半径;

$\quad\quad R_{3\min}$ ——抗压铠装层的最小弯曲半径;

$\quad\quad R_{4\min}$ ——抗拉铠装层的最小弯曲半径。

聚合物层的最小弯曲半径计算如下:

$$R_{\min} = \frac{r_o}{\varepsilon_{\max}} \qquad\qquad (5-8)$$

式中　r_o——聚合物层外半径;

　　　$\varepsilon_{\max}$——聚合物层的允许最大应变。

骨架层互锁结构如图 5-18 所示。在骨架层弯曲时,受拉侧相邻绕组间的间隙会增大,受压侧相邻绕组间的间隙会减小。当相邻绕组发生接触,就会发生锁死。

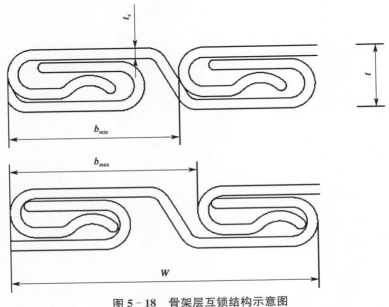

图 5-18　骨架层互锁结构示意图

抗拉侧间隙最大时弯曲半径为

$$R_t = \frac{r}{\varepsilon_t} \qquad\qquad (5-9)$$

抗压侧间隙最小时弯曲半径为

$$R_c = \frac{r}{\varepsilon_c} \qquad\qquad (5-10)$$

式中　R_t——抗拉侧间隙最大时的最小弯曲半径;

　　　R_c——抗压侧间隙最小时的最小弯曲半径;

　　　r——骨架层中半径;

　　　ε_t——抗拉侧相邻绕组的最大相对运动量;

ε_c——抗压侧相邻绕组的最大相对运动量。

$$\text{MBR} = \max\{R_t, R_c\} \tag{5-11}$$

抗压铠装层互锁结构与骨架层类似,如图 5-19 所示。在弯曲时,受拉侧相邻绕组间的间隙会增大,受压侧相邻绕组间的间隙会减小。当相邻绕组发生接触,就会发生锁死。

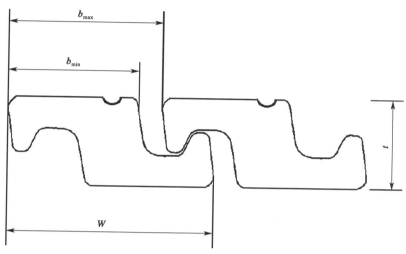

图 5-19　抗压铠装层互锁结构示意图

抗压铠装层最小弯曲半径的计算方法与骨架层相同。

抗拉铠装层弯曲到一定曲率时,相邻绕组间的间隙将逐渐变小。当抗压侧的间隙为零时,抗拉铠装层将锁死。其最小弯曲半径计算公式为

$$R_{\min} = \frac{r_m}{\varepsilon_c} = \frac{r + t/2}{1 - R_f} \tag{5-12}$$

式中　r_m——抗拉铠装层中半径;

　　　ε_c——抗压侧相邻绕组的最大相对运动量;

　　　r——抗拉铠装层中半径;

　　　t——抗拉铠装层的扁钢厚度;

　　　R_f——抗拉铠装层的覆盖率。

整管的最小弯曲半径应为各结构层最小弯曲半径的最大值,存储弯曲半径为最小弯曲半径的 1.1 倍,操作弯曲半径为存储弯曲半径的 1.5 倍。

5.3.4　柔性立管系统构型设计

系统构型设计是对柔性立管系统的构型进行初步选择。对于动态柔性立管,需要

根据各种构型的优缺点及经验初选系统构型。对初选的系统构型进行静态分析，如果柔性立管张力和弯曲半径满足柔性立管破断力和最小弯曲半径要求，那么证明初选的系统构型可行，将进入下一阶段动态分析进一步进行校核。否则，需要对系统构型进行调整，或选用其他构型。

在立管系统构型设计中，由于自由悬链形结构最简单、安装最方便，因此是首选构型。如果不满足要求，再考虑其他构型。

在立管系统构型设计中，如果需要设置抗弯器、限弯器、浮筒等附属构件，在分析中应考虑这些附属构件的影响。

5.3.5　柔性立管动态设计分析

动态设计分析有两个目的：一是校核系统构型设计中选用的柔性立管构型是否满足动态分析要求；二是为下一阶段的截面详细设计提供响应荷载。

根据规范要求的动态工况对柔性立管进行动态分析，分析得出柔性立管的拉力和曲率。根据设计准则判断拉力及曲率是否满足规范要求，如不满足要求则返回上一阶段重新调整构型，如满足要求则继续下一步的设计分析。

柔性立管动态分析方法与 SCR 动态分析方法相同，可以利用 OrcaFlex、Flexcom 等软件进行分析。

5.3.6　柔性立管详细设计

详细设计包括管体的详细设计、接头的详细设计及抗弯器和限弯器的详细设计。

1）管体的详细设计

管体的详细设计包括截面分析和寿命分析两部分。

截面分析主要是利用动态分析得到的最大拉力和相应曲率，以及最大曲率和相应拉力对之前初选的截面参数进行校核，分析柔性立管中骨架层等金属层的应力和内压密封层等聚合物层的应变是否满足表 5-2 中的设计准则。如满足要求则进行下一步的寿命分析。如不满足要求则返回重新选取截面参数。

寿命分析主要是校核柔性立管的使用寿命是否满足规范要求。对于柔性立管中的骨架层等金属层的寿命校核准则为在整个服役寿命内疲劳累积损伤小于 0.1，对于内压密封层等非金属层的寿命校核准则为非金属材料失效时间应大于设计寿命。

利用 Abaqus 对柔性立管骨架层和抗压铠装层进行有限元分析，确定应力是否满足要求。

2）接头的详细设计

接头的功能是传递荷载和密封，接头通过骨架层固定件、抗压铠装层固定件、抗拉铠装层固定件、中间包覆层固定件和外包覆层固定件传递荷载，通过各种密封件进行密封。设计过程中各固定件需根据不同部件的不同受力形式进行设计分析。密封件需根据使用环境确定合适的密封件结构及材料。

3）抗弯器和限弯器的详细设计

抗弯器和限弯器常用于防止柔性立管发生过大变形破坏，在动态应用中常使用抗弯器，在静态应用中常使用限弯器。抗弯器是倒锥形，通过增加柔性立管截面抗弯刚度来防止柔性立管发生过大弯曲。限弯器是互锁结构，通过锁定柔性立管弯曲半径来防止柔性立管发生过大弯曲。

抗弯器设计应保证柔性立管系统在极端工况下柔性立管弯曲半径不小于容许的最小弯曲半径，抗弯器本身不发生破坏。限弯器设计应保证限弯器发生自锁时，限弯器弯曲半径大于柔性立管容许的最小弯曲半径，限弯器本身不发生破坏。在保温输油柔性立管限弯器设计中，利用有限元分析软件 Abaqus 对限弯器自锁时的受力情况进行分析。

5.3.7 柔性立管安装设计

安装设计首先根据安装要求、柔性立管的性能参数、柔性立管应用海域的情况及经验去制定安装方案。安装方案确定后，分析柔性立管在整个安装过程中受到的荷载，根据荷载校核柔性立管在整个过程中是否会发生失效。如果校核柔性立管会发生失效，需要对安装方案进行调整优化，直至柔性立管在整个安装过程中安全为止。

API 17B 推荐的安装方案分为以下五个步骤：

① 将连接到 FPSO 拖拉绞车上的拖拉线连接到柔性立管的拖拉头上。

② 柔性立管充水下放，同时利用拖拉线将柔性立管的拖拉头拖向 FPSO 转塔。

③ 将柔性立管拖拉到 FPSO 转塔上进行悬挂固定。

④ 在预定位置安装浮筒。

⑤ 将柔性立管终端法兰下放到海底。

可以利用 OrcaFlex 等安装分析软件对柔性立管的安装进行分析，如果安装过程中柔性立管张力小于破断力，弯曲半径大于容许的最小弯曲半径，柔性立管在安装过程中是安全的。

第6章 混合立管

混合立管又称为自由站立式混合立管,是刚性立管和柔性立管相结合的一种立管型式。刚性立管利用上部的浮筒或浮力框架提供的张力在水中保持竖立状态,刚性立管与浮体间用跨接软管连接形成流体输送通道。混合立管具有以下特点:

① 浮体与立管之间通过跨接软管进行运动解耦,降低了浮体运动对立管的影响,减少了立管的疲劳破坏。

② 立管系统可以在浮体就位前提前安装,节省了工程施工周期。

③ 在恶劣海况或紧急情况下,立管系统可以与浮体快速脱,避免发生破坏。

④ 立管顶部浮力筒位于海面以下 100～200 m,受海上风浪的影响较小。

⑤ 立管重量全部由其顶部浮力筒提供的张力来承担,减小了浮体的负载。

⑥ 同其他立管型式相比,混合立管系统的疲劳特性很好,疲劳寿命较高。

⑦ 利用混合立管可以实现油气田的水下紧凑布置,而且便于将来油气田扩产。

同其他几种立管型式相比,混合立管在深水油气田开发中的应用相对较晚。世界上第一根混合立管是 1998 年 Placid 石油公司在 Green Canyon Block 29 项目通过钻井船上的月池安装的塔式立管,水深为 469 m。此后出现了多种型式的混合立管,这些混合立管在西非、墨西哥湾、巴西等海域的十几个深水油气田开发中得到成功应用,水深范围从 466 m 到 2 600 m。

6.1　混合立管型式

根据立管截面形式的不同,混合立管可分为单管、管中管和集束管三种,如图 6-1所示。单管为单根钢管,只能实现单一的流体输送或气举功能。管中管为同心的两根钢管,两根钢管之间的环空可以作为气举通道,因此可以实现流体输送和气举功能;另外,管中管具有良好的保温性能,可以用于保温要求较高的情况。集束管也称为塔式立管,将多根钢管和(或)电缆集束在中央结构管周围,贯穿在浮力或保温模块中,可以自由轴向移动,以适应温度和压力引起的管子伸缩。集束管可以同时实现生产、注水、气举、输电等功能,可以避免大量立管导致的水下空间拥挤,可用于水下布置空间受限的情况。但是集束管结构复杂,设计和制造难度高,检测维修困难,需要在岸上组装后拖航到海上油田进行安装。

集束管有两种型式,一种是内捆绑式,即所有集束管都布置在浮力材料中;另一种是外捆绑式,即集束管布置在浮力材料的外围,如图 6-2 所示。同内捆绑式相比,外捆绑式制造相对简单,方便进行检测,但对集束管的保护不如内捆绑式好。

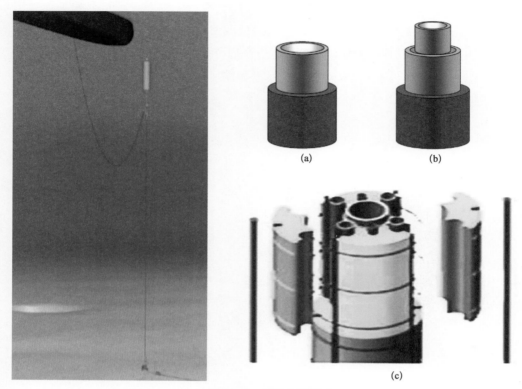

图 6-1　混合立管型式

（a）单管；（b）管中管；（c）集束管

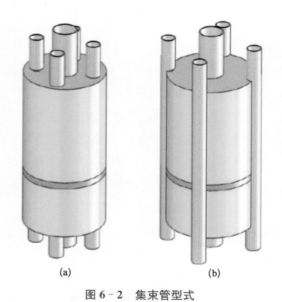

图 6-2　集束管型式

（a）内捆绑式；（b）外捆绑式

在深水油气田开发中,可以采用多个独立的混合立管,形成单线偏移立管(single line offset riser,SLOR),如图 6 - 3 所示。为了避免 SLOR 间相互碰撞,Subsea 7 和 2H Offshore 公司共同提出了 Grouped SLOR 概念,将所有单独的混合立管顶部固定在漂浮的桁架上,使所有立管共同移动,从而消除发生碰撞的风险,如图 6 - 4 所示。

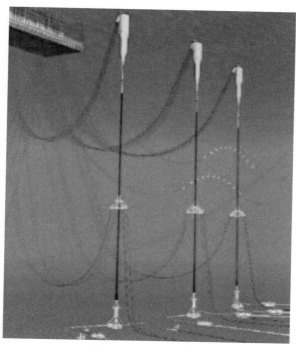

图 6 - 3　SLOR 示意图

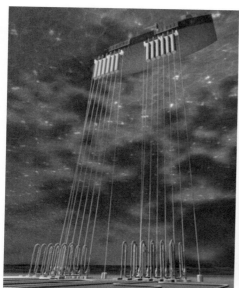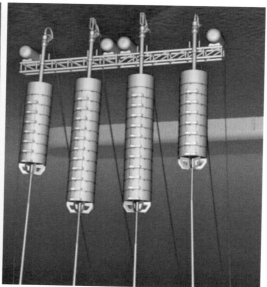

图 6 - 4　Grouped SLOR 示意图

在 Grouped SLOR 中,漂浮的桁架只是起到连接各刚性立管的作用,在此基础上提出了 BSR 混合立管型式。BSR 是利用浮力框架为立管提供张力,浮力框架通过系缆固定在海底,立管既可以像 SCR 一样悬挂在浮力框架上,也可以像 TTR 一样竖直悬挂在框架上(图 6-5),浮力框架可以支撑较多数目的立管,方便将来扩展新的立管。

图 6-5　BSR 混合立管示意图

混合立管在西非、巴西和墨西哥湾等海域都有工程应用,但主要应用在西非海域。混合立管回接的浮体有 FPSO、SEMI-FPS 和 FPU,主要是 FPSO。表 6-1 给出了目前混合立管的应用情况。

表 6-1　混合立管的应用情况

应用油田名称	混合立管型式	运营商	安装年份	油田海域	水深/m	浮体类型
Green Canyon 29	集束管	Placid Oil Company	1988 年	墨西哥湾海域	466	SEMI-FPS
Garden Banks 288	集束管	Ensearch	1994 年	墨西哥湾海域	639	SEMI-FPS
Girassol	集束管	Total Elf	2001 年	西非海域	1 350	分布式 FPSO
Rosa	集束管	Total Elf	2007 年	西非海域	1 350	分布式 FPSO
Greater Plutonio	集束管	英国石油公司	2007 年	西非海域	1 311	分布式 FPSO
CLOV	集束管	Total	2013 年	西非海域	1 400	分布式 FPSO
Kizomba A	单管	Exxon Mobil	2004 年	西非海域	1 006~1 280	分布式 FPSO
Kizomba B	单管、管中管	Exxon Mobil	2005 年	西非海域	1 006~1 280	分布式 FPSO

（续表）

应用油田名称	混合立管型式	运营商	安装年份	油田海域	水深/m	浮体类型
Block 31 NE-PSVM	单管	英国石油公司	2010 年	西非海域	2 030	转塔式 FPSO
P-52	单管	Petrobras	2007 年	巴西海域	1 800	半潜式 FPU
Cascade/Chinook	单管	Petrobras	2011 年	墨西哥湾海域	2 600	转塔式 FPSO
Sapinhoá-Lula NE	BSR	Petrobras	2015 年	巴西海域	2 100	分布式 FPSO
Egina	单管、管中管	Total	2018 年	西非海域	1 500	分布式 FPSO
Usan	单管、管中管	Total	2012 年	西非海域	700	分布式 FPSO

6.2　混合立管组成

典型的混合立管系统主要由立管管体、跨接软管和顶部浮力筒三部分组成，此外还包括其他一些系统结构，如脐带系统和桩基等。

1）立管管体

混合立管的主管管体部分可为单管、管中管和集束管，具体选择哪种型式，需要考虑很多因素，例如设计者的经验、买家的要求、成本、海域的限制条件、海况、建造和安装厂家的条件等。立管管体根据输送流体成分可采用碳钢或不锈钢。

2）跨接软管

跨接软管连接着浮体和刚性立管，提供流体输送通道，主要由柔性管、端部接头、抗弯器构成。柔性管两端为采用法兰连接的端部接头，在柔性管与鹅颈装置、浮体的连接位置设有抗弯器，以防止柔性管过度弯曲。

柔性管的属性依赖于立管的用途、清管及绝缘要求。跨接软管的设计应满足在浮体发生最大慢漂工况下，柔性管弯曲半径和张力满足要求。

3）顶部浮力筒

浮力筒位于水下的深度根据油田区域波浪荷载作用的条件和最高海流速度来平衡选取，混合立管浮力筒的顶部一般位于水下 50～200 m 水深处，与浮式平台相距 100～500 m。在条件允许的情况下，为了便于安装，浮力筒位于水下的深度以越接近水平面为宜。

　　浮力筒的主要作用是提供一定的张力使立管站立在水中，并处于张紧状态，以改善立管的动态响应，降低立管涡激振动，提高立管疲劳寿命，同时限制跨接软管的张力荷载及偏移角。

　　浮力筒的总体尺寸要考虑到立管管体、跨接软管及内部液体的重量，当然还要考虑生产和建造厂家的条件。浮力筒由多个具有脱水作用的舱室构成，每个舱室具有入水和出水部分，从而保证浮力筒内部的压力稳定。

　　根据立管和浮力筒的相对位置，浮力筒分为整体式浮力筒（即垂直立管穿过浮力筒）和分离式浮力筒（即垂直立管不穿过浮力筒），如图6-6所示。

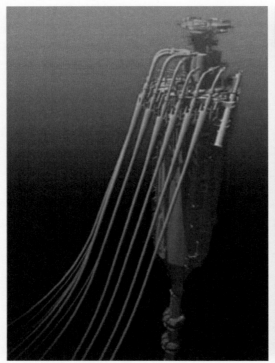

图6-6　整体式浮力筒与分离式浮力筒

　　浮力筒一般由以下部分组成：外壳、中心管、眼板、舱壁、进出气通道等。浮力筒舱壁平板下侧布置有加强筋，以提供额外的加强作用。

　　浮力筒在位工作时，其内部充满氮气，设计为内外压平衡，以尽量减小壁厚，且一般内部压强略高于外部静水压强，以使浮力筒发生偏移而在深度上下降时，仍能尽量维持压力大致平衡。按照是否对浮力筒内部压强进行动态调整，可将浮力筒分为封闭式和开放式。目前一般采用的是封闭式浮力筒。

　　浮力筒一般划分为若干舱室（图6-7），当某一舱室破损进水后，使浮力筒能够不立即经受整体沉没的风险。同时，一般将浮力筒最底部的舱室设为永久压载舱，以便某一舱室破损后,能及时排除永久压载舱的压载水,维持浮力筒浮态。

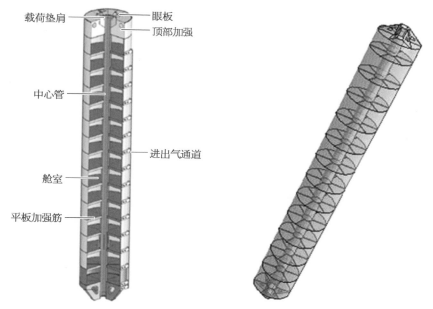

载荷垫肩　眼板
顶部加强
中心管
进出气通道
舱室
平板加强筋

图 6 - 7　浮力筒的基本构造

4）桩基

桩基为混合立管在海底的基座系统,桩基一般深度是 200 m 或者更深。桩基由可以和立管高度完整连接的具有钻探和泥浆吸力功能的装置构成,桩基的直径和插入土壤的深度由立管所需的张力和土壤条件决定,在很多情况下其类型是标准化的。桩基顶部和混合立管的连接方式有两种,一种是铰接式连接,另一种是固定式连接。桩基和浮体的水平距离取决于跨接软管的长度、立管基座的偏置、浮力筒的深度和整个系统的方位角。

目前存在的桩基类型主要有重力式桩基、吸力式桩基、钻探和灌浆式桩基、喷吹式桩基和驱动式桩基。

目前在各油田开发项目中的混合立管多数采用的是吸力式桩基,主要是考虑生产、建造、安装,以及对应的吸力桩适合于 FPSO 和 FPS 等。吸力式桩基的直径不大,一般在 30～40 in,插入深度为 120 m,可提供较高的张力,其建造安装技术已经逐渐成熟,可以采用多种安装方式安装,且已经应用于很多领域。

5）连接系统

混合立管的连接系统主要包括跨接软管、浮力筒、海底基座和立管的连接系统,以及立管管体之间的连接系统。

（1）跨接软管和立管的连接系统

鹅颈连接系统连接着跨接软管和立管管体,受到的弯矩较大,一般设定其曲率半径为 3 倍或 5 倍的直径。它的位置一般有两种,一种是位于浮力筒下方,与分离式浮力筒结构相对应。这样的连接简化了立管和浮力筒的接触,因为此时立管不必穿过浮力筒,而且跨接软管可以和鹅颈连接系统提前装配。但是连接相对困难,同时跨接软管的更换、修复比较麻烦,还需要安装复杂的跨接软管断开系统。另一种是鹅颈连接系统位于浮力筒上方,允许立管和跨接软管独立安装。该连接方式降低了跨接软管的连接费用,跨接软管安装较快,便于对其损伤进行检测、抗弯器等构件的安装,以及维修、更换和回收管线。但是立管需要穿过浮力筒与跨接软管连接,因而在浮力筒内部要设计适当的立管连接装置,在浮力筒的顶端要有一个专门的连接装置连接跨接软管和立管,这就增加了浮力筒的设计复杂性。这两种鹅颈连接系统如图 6-8 所示。

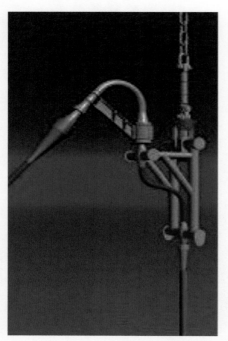

图 6-8　两种鹅颈连接系统结构示意图

　　(2) 浮力筒和立管的连接系统

　　柔性接头或锚链位于浮力筒的底端,是浮力筒和立管的连接系统,它控制着浮力筒和立管之间的相对运动。图 6-9 是典型的锚链连接系统。

　　(3) 立管管体之间的连接系统

　　标准的混合立管管体可以采用焊接或者机械连接方式,焊接是目前通常采用的连接方式。

　　(4) 海底基座和立管的连接系统

　　海底基座和立管的连接系统设计应考虑多方因素,如立管基础需能抵抗长期的垂

图 6 - 9　浮力筒和立管之间的锚链连接

向、水平及弯曲荷载。在立管刚刚完成安装时,一般处于垂直状态,但当其顶部安装跨接软管后,立管会与垂直方向形成 $3°\sim7°$ 的夹角,且在外部环境荷载的作用下,立管会产生 $\pm5°$ 的倾斜。这就会在立管底部形成一定的弯矩荷载,从而对海底基座和立管的连接系统提出了更高的强度要求。目前,海底基座和立管的连接主要有铰接式和固定式两种形式,如图 6 - 10 和图 6 - 11 所示。

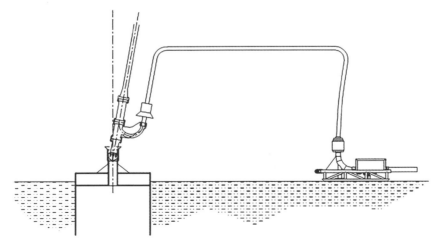

图 6 - 10　海底基座和立管的铰接式连接系统示意图

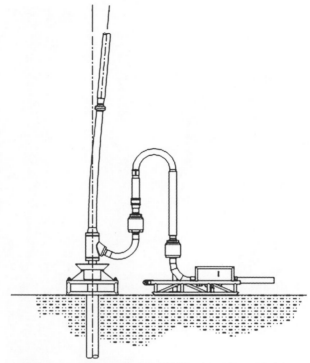

图 6－11　海底基座和立管的固定式连接系统示意图

图 6－12　跨接软管结构示意图

（5）海底管道和立管的连接系统

立管通过跨接软管与海底管道终端（PLET）进行连接。典型的跨接软管一般设计为 M 形（图 6－12），其主要作用是实现流体在海底管道和立管之间的安全传递。

跨接软管的设计十分关键，因为除受管线延伸及内流热膨胀所带来的荷载外，还要承受立管运动所引起的荷载。跨接软管的设计优化可通过增加其长度和弯环数量实现，同时增加弯环数量可有效增大跨接软管的柔性并降低极限应力。但随之会带来一系列其他问题，如跨接软管自重增加、安装难度增大、绝缘保温困难、液体排放不便、疲劳响应加剧等。

6.3 塔式立管设计

同 TTR、SCR 和柔性立管相比,混合立管结构复杂、界面众多、设计难度高。下面以塔式立管为例,说明混合立管的设计方法。

6.3.1 塔式立管设计标准

表6-2列出了塔式立管设计中常用的标准,采用 API RP 2RD 还是 DNV OS F201 作为主标准在设计开始前由业主最终确定。

表 6-2 塔式立管设计标准

标准编号	标 准 名 称	说 明
API RP 2RD	Design of Risers for Floating Production Systems (FPSs), and Tension Leg Platforms (TLPs)	首要的、通用的标准
DNV OS F201	Dynamic Riser	首要的、通用的标准
API RP 2A LRFD	Recommended Practice for Planning, Designing and Constructing Fixed Offshore Platforms — Load and Resistance Factor Design	用于吸力式桩基设计
API RP 2A WSD	Planning, Designing and Constructing Fixed Offshore Platforms — Working Stress Design	用于浮力筒设计和结构设计
API Bulletin 2U	Stability Design for Cylindrical Shells	用于浮力筒设计
API Bulletin 2V	Design of Flat Plate Structures	用于浮力筒设计
AISC	Steel Construction Manual — WSD	通用标准
DNV RP F103	Cathodic Protection of Submarine Pipelines by Galvanic Anodes	阴极保护设计
DNV RP C203	Fatigue Design of Offshore Steel Structures	用于疲劳分析、固定基础连接和浮力筒设计
DNV Rules	DNV Rules for Planning and Execution of Marine Operations	用于海上安装
ASME	Boiler and Pressure Vessel Code (Section Ⅷ, Div. 3)	用于结构设计

6.3.2 塔式立管设计流程

图6-13给出了塔式立管的设计流程图。塔式立管设计主要包括以下方面:材料

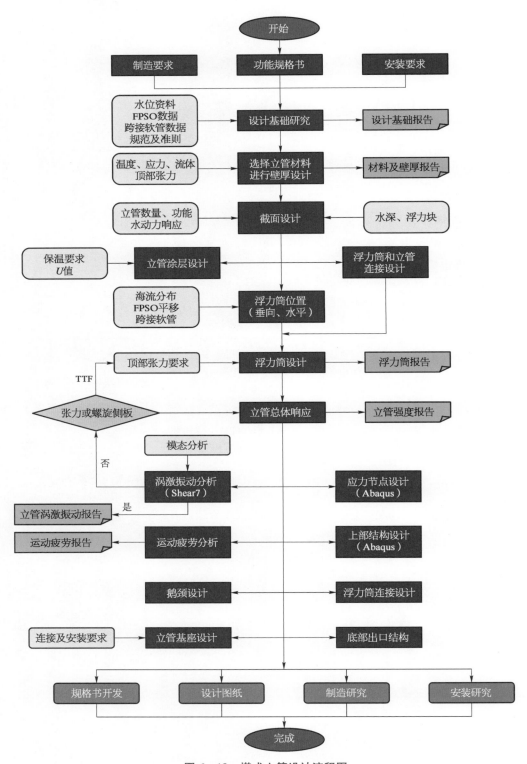

图 6-13 塔式立管设计流程图

选择和壁厚设计;截面设计;浮力筒设计;连接系统设计;总体响应分析。

6.3.3 塔式立管材料选择和壁厚设计

1) 材料选择

塔式立管的材料选择主要取决于如下因素:

① 功能要求:温度、压力、内部流体、水深等。

② 可焊接性:等效碳素钢含量。

③ 规范要求:API、DNV。

④ 市场供给:考虑所选钢材市场的供给情况。

2) 壁厚设计

同 TTR 和 SCR 壁厚设计相同,塔式立管壁厚设计也是通过内压爆破和外压压溃分析初步确定立管壁厚尺寸,并通过总体分析、疲劳分析、安装分析等来验证选取的壁厚是否满足要求,如果不满足要求,需要重新进行选择。

6.3.4 塔式立管截面设计

塔式立管由于包括生产管、注水管、注气管、动力及控制脐带缆,因此重量较大。为了支撑所有的立管,以及传递顶部浮力筒比较大的张力,通常需要设置中心结构管。考虑到塔式立管重量较大,为了避免对顶部浮力筒的要求过高,通常在塔式立管上设置浮力块。图 6 - 14 是典型的塔式立管截面示意图。

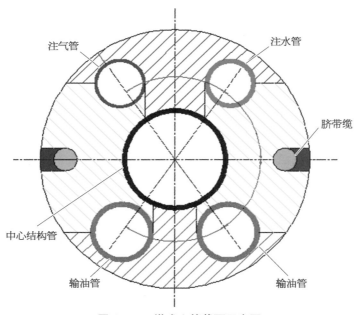

图 6 - 14 塔式立管截面示意图

塔式立管截面设计的要求如下：

① 所有浮力筒所提供的张力要由中心结构管来承担。

② 浮力块的长度要考虑建造及组装要求。

③ 浮力块要保证组装后的完整性。

④ 塔式立管在顶部和底部的出口处要提供间隔块。

⑤ 间隔块的设计要易于组装。

⑥ 间隔块的力传递到中心结构管上。

塔式立管截面布置主要考虑如下要求：

① 功能要求。

② 在位后的最佳性能。

③ 水动力特性。

④ 岸上预制组装要求。

⑤ 海上安装要求。

塔式立管截面设计首先要考虑尽量均匀对称布置，以保证在位后没有大的偏差，其次要考虑岸上预制的要求，截面上的浮力块分块数量越少越好。

表 6 - 3 是某塔式立管截面设计计算结果。

表 6 - 3 某塔式立管截面设计计算结果

序　号	立　管	数量	直径/in	壁厚/mm	单位质量/(kg·m^{-1})	内部介质
1	中心结构管	1	18	19.05	19.12	空气
2	生产管	2	10.75	20.625	33.1	油
3	注水管	1	8.625	11.125	8.2	海水
4	注气管	1	8.625	18.263	9.3	气体
5	动力脐带缆	1	4	NA	2.18	NA
6	控制脐带缆	1	4	NA	1.98	NA
7	浮力块	1	46	NA	27.8	等效
8	浮力块	1	46	NA	−102.1	浮力
	总　　计				−1.6	平衡

注：NA 表示无效或不可用。

6.3.5 塔式立管总体布置设计

在进行塔式立管材料选择和壁厚设计后，下一步就是进行立管的总体布置设计。在总体布置设计中，必须考虑如下因素的影响：

① 功能要求。

② 在位特性。

③ 环境条件。

④ FPSO 运动偏移。

⑤ 水下油田布置。

⑥ 跨接软管特性。

⑦ 油田的相互干扰。

⑧ 制造规格。

⑨ 安装方法。

表6-4和图6-15是某塔式立管总体布置参数和总体布置图。

表6-4 某塔式立管总体布置参数

参 数	数 值
立管基座和FPSO的偏移距离/m	230
浮力筒顶部深度/m	70
跨接软管长度/m	330～420
跨接软管悬挂角@FPSO/°	8
跨接软管悬挂角@刚性立管/°	15
跨接软管方向角/°	90
跨接软管和刚性立管连接深度/m	125

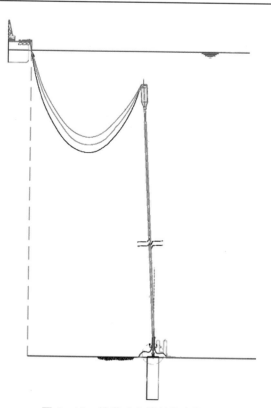

图6-15 某塔式立管总体布置图

6.3.6 塔式立管浮力筒设计

根据塔式立管总体布置设计及以往的设计经验，同时考虑其功能要求、建造约束及安装的可行性，来确定浮力筒的设计要求，并确定其主尺度。

浮力筒设计的主要内容是确定主尺度，包括长度及直径、典型的舱室布置、界面设计及应急预案设计。

1）功能要求

塔式立管要完全依靠充入氮气的浮力筒所提供的浮力保持其在位后的特性。浮力筒本身是圆形结构，其包含彼此独立的舱室，舱室之间是采用隔舱壁分隔开。隔舱壁采用了加强筋来提供额外的加强作用，抵抗由于压力所引起的荷载作用。

浮力筒的设计考虑到塔式立管在正常位置时基本上是保证每个舱室的内外压力平衡，也就是说每个舱室的压力略有不同，其压力差主要是每个舱室的高度。这样可以保证浮力筒壳板的厚度比较小，同时考虑到建造及吊升的要求。

浮力筒的建造将采用钢板卷成筒形来形成浮力筒。为抵抗静水压力的作用，浮力筒的舱室内部采用了环形加强筋。同时在其顶部及底部，浮力筒采用了局部加强，尤其是底部和应力节点的界面部分。

为减少立管管线对浮力筒建造及性能的影响，所有的管线均沿着浮力筒壳的外表面布置，中间增加了支持结构。

浮力筒在安装过程中需要部分充水，为了在位后把水清除，每个舱室安置了进出口，最后可以采用 ROV 进行密封。

各舱室的氮气是通过进口的管线来提供的，该管线从壳体表面进入舱室内部，直达上部的隔舱壁，同时提供加压的氮气把舱室里的海水排出。为保证海水被彻底清除，打入该舱室的氮气一般要稍稍过压。一旦将来需要进行塔式立管的回收，则需要通过出口注入海水把舱室的氮气排出。所注入的海水要求比氮气的压力高。

为防止偶发事件导致浮力筒的浮力损失，浮力筒的设计必须进行分舱，同时其中的一个舱室必须是开始时就进行注水。如果将来浮力筒的另外一个舱室出现破损，则对该舱室进行排水来达到恢复所设计的浮力要求。一般需要将该注水的舱室尽量放置在浮力筒的下部，来保证其稳定性。

由于在材料的采购及浮力筒的建造过程中，总体的重量有可能增加，因此设计时必须充分考虑其影响，预留一定的储备浮力。根据可能的误差，浮力筒的浮力在设计中必须得到保证。

2）主尺度的确定

根据浮力筒的功能要求，第一步就是要确定浮力筒的主尺度，包括长度及直径。

根据塔式立管的总体布置设计结果，塔式立管系统的水中重量基本是中性的，这主要是由于浮力块的作用。否则，对于集束的立管，其水中重量会很大，对浮力筒的要求可能过高。

在确定浮力筒所需提供的浮力时需要顶部张力系数,根据成功的塔式立管的实际工程经验,顶部张力系数可取 1.5,浮力筒需要考虑 15% 的浮力预备,并考虑到塔式立管在位水动力特性,尤其是偏移的影响。

表 6-5 是某浮力筒的设计结果。

表 6-5　某浮力筒设计结果

参　　　　数	数　　值
浮力筒总长度/m	26
顶部浮力筒长度/m	18
顶部浮力筒直径/m	5.8
锥形浮力筒部分长度/m	5
底部浮力筒长度/m	3
底部浮力筒直径/m	2.5
浮力筒所能提供的最大净浮力/t	285
浮力筒质量/t	173
浮力筒提供的正常浮力/t	236
塔式立管底部基座的张力/t	236

3) 舱室布置

塔式立管浮力筒的设计需要考虑到意外情况,这也意味着浮力筒必须进行舱室划分。那么如果某一个舱室意外受损,不会导致塔式立管系统的失效。

如果某一个舱室意外进水的话,应该能够恢复所损失的浮力。因此,从一开始就对其中的一个舱室灌水,该舱室将可以用排水来恢复所损失的浮力。

4) 局部设计

在确定浮力筒的总体尺寸后,就要进行浮力筒的局部设计,包括舱室高度、隔舱壁设计、底部连接设计、顶部连接设计、ROV 界面设计、阳极块设计等。

5) 材料选择

在 70 m 的水深位置,浮力筒的材料要求采用低合金钢来提供较高的设计强度,同时抵抗内外压力。

6) 腐蚀控制

塔式立管浮力筒的外表面要进行热喷铝(TSA)涂层处理来控制外表面的腐蚀,由于舱室内采用高压氮气,本身具备防腐蚀作用,同时舱室内没有氧气,因此不存在腐蚀问题。对于事先充水的舱室,可以采用少量的阳极块进行防腐蚀处理。

6.3.7　塔式立管在位强度分析

在位强度分析主要目的如下:

① 确定塔式立管的总体布置。

② 确保塔式立管垂直主体管中的各种类型立管的设计,满足规范要求的所有工况(包括临时、运行、极限、自存和水压试验)荷载矩阵的强度。

③ 确定局部荷载,为其他组件分析提供输入参数。

1) 分析方法

使用 OrcaFlex 等软件对主体管中的各种类型立管进行强度分析时,需要使用等效的方法,总的来说分成三步:

① 将塔式立管垂直主体管中的所有类型立管利用等效的思想转化成一根"等效管",在 OrcaFlex 等软件中建立"等效管"的有限元模型,求出不同工况下的"等效管"的最大轴向应力、最大弯曲应力和最大环向应力。

② 将"等效管"的各种应力按一定方法分配到各种不同类型的立管上,得到各种类型立管在不同工况下的最大轴向应力、最大弯曲应力和最大环向应力。

③ 利用等效应力的计算公式得出各种类型立管的最大等效应力,检验其是否满足 API RP 2RD 规范要求。

(1) 等效方法

在使用 OrcaFlex 等软件建立有限元模型时,需要将上面的塔式立管垂直主体管中的多根管等效为一根圆管。等效的基本原则如下:

① 惯性矩等效。即"等效管"截面弯曲惯性矩与各管截面弯曲惯性矩之和相同。

② 重量等效。即"等效管"及其内部流体重量与各类型立管及其内部流体重量相同,且"等效管"的外径取实际塔式立管各种类型立管的外径最大者。

③ 利用惯性矩等效和重量等效,可以得到"等效管"的内径和内部等效流体密度。

(2) 应力分配

使用 OrcaFlex 等软件建立塔式立管的"等效管"总体模型,再加载不同的工况数据,可以得到"等效管"的最大轴向应力、最大环向应力和最大弯曲应力。实际工程中,更关心的是塔式立管垂直主体管内部的各种类型立管的设计满足规范要求的所有工况(包括临时、运行、极限、自存和水压试验)荷载矩阵的强度。因而需要将"等效管"的最大轴向应力、最大环向应力和最大弯曲应力通过一定方法分配到各种类型的立管上,进而求出各种类型立管的最大等效应力,检验它们是否满足规范要求。

(3) 等效应力的求法

利用上面得到的各种类型立管的最大轴向应力、最大环向应力和最大弯曲应力,可以求出各种类型立管的最大等效应力:

$$\sigma_{eq} = \sqrt{\sigma_H^2 + (\sigma_H + \sigma_B)^2 - \sigma_H(\sigma_{ax} + \sigma_B)} \qquad (6-1)$$

式中 σ_{eq} ——等效应力;

σ_H ——环向应力；

σ_B ——弯曲应力；

σ_{ax} ——轴向应力。

下面给出塔式立管强度分析方法的流程，如图 6-16 所示。

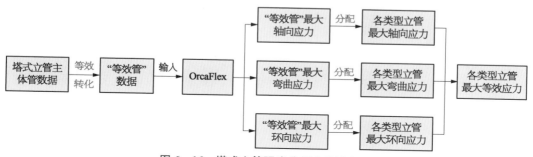

图 6-16 塔式立管强度分析方法流程图

2）分析流程

总体强度分析是一个多阶段的分析过程，包括三个静态分析及一个动态分析，即风暴分析：

① 塔式立管的自然位置（重力平衡）（静态分析）。

② 施加 FPSO 偏移到塔式立管系统（静态分析）。

③ 流荷载施加到塔式立管系统（静态分析）。

④ 施加波浪荷载和船体运动到塔式立管系统（动态分析）。

总体强度分析建立的有限元模型要尽量得详细，以接近实际的工程结构；计算采用的荷载组合要满足规范要求；FPSO 偏移需要考虑软件平衡位置计算的误差，因而需要额外增加一定的偏移，具体参数根据设计基础报告而定；强度分析过程还应考虑到安装和碰扰影响；强度分析中的波浪首先选用的是规则波计算，通过多工况比较，选出较危险的工况，因而总体强度分析是一个不断反复、不断优化设计的过程。本节正是在考虑上述多方面因素的基础上，细化塔式立管模型，对塔式立管总体强度进行综合分析。塔式立管总体强度分析流程如图 6-17 所示。

3）设计荷载矩阵

荷载工况定义计算方法及所需设计荷载矩阵均在 API RP 2RD 中有所描述并在下面给出。需考虑水压试验、临时、运行、极限和自存等各种工况。在每一类工况中，均定义了许多独立的荷载工况，每一荷载工况是由环境条件、压力、浮体位移、系泊条件、浮力筒条件和跨接软管等一系列变量组合的结果。

图 6-18 给出了在建立荷载矩阵时要考虑的环境荷载工况，而图 6-19 给出了 FPSO 偏移时所考虑的荷载工况。

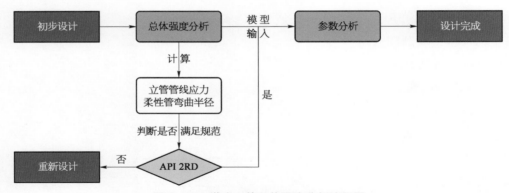

图 6-17 塔式立管总体强度分析流程图

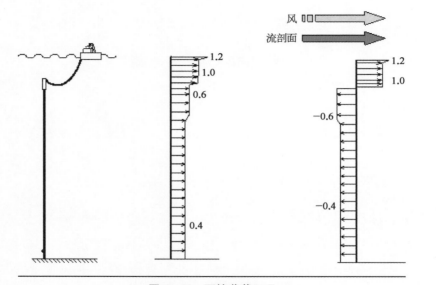

图 6-18 环境荷载工况

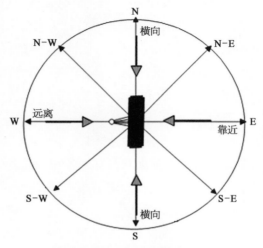

图 6-19 FPSO 偏移荷载工况

　　根据 API RP 2RD 的要求,建立塔式立管总体强度分析荷载矩阵,其考虑的工况包括水压试验、临时、运行、极限和自存五种。在每一类工况中,均定义了许多独立的荷载工况,每一荷载工况都是由环境条件、压力、浮体位移、系泊条件、浮力筒条件等一系列变量组合的结果。表 6-6 中列出了基于初始设计参数条件下的八种工况,并根据工况分类和浪流方向进行编号分类。编号原则是:LC 表示工况,数字表示工况号,最后两个英文字母代表浪流方向。在塔式立管的强度分析中定义了主平面,即垂直主体管、浮力筒、跨接软管及其与 FPSO 的连接点确定的竖直平面。

表 6-6　基于初始设计参数条件下的八种工况

工况编号	名　称	工况分类	环境条件		压　力	锚链情况	浮力筒条件	浪流方向	API 2RP 安全系数
			波浪	海流					
1	LC01NN	水压试验	一年一遇	一年一遇	测试压力	完整	完整	NN	0.9
2	LC01NL							NL	
3	LC01TL							TL	
4	LC01FL							FL	
5	LC01FF							FF	
6	LC01FR							FR	
7	LC01TR							TR	
8	LC01NR							NR	
9	LC02NN	临时工况	一年一遇	一年一遇	0	完整	完整	NN	0.9
10	LC02NL							NL	
11	LC02TL							TL	
12	LC02FL							FL	
13	LC02FF							FF	
14	LC02FR							FR	
15	LC02TR							TR	
16	LC02NR							NR	
17	LC03NN	运行工况	十年一遇	一年一遇	设计压力	完整	完整	NN	0.67
18	LC03NL							NL	
19	LC03TL							TL	
20	LC03FL							FL	
21	LC03FF							FF	
22	LC03FR							FR	
23	LC03TR							TR	
24	LC03NR							NR	

（续表）

工况编号	名　称	工况分类	环境条件		压　力	锚链情况	浮力筒条件	浪流方向	API 2RP安全系数
			波浪	海流					
25	LC04NN	运行工况	一年一遇	十年一遇	设计压力	完整	完整	NN	0.67
26	LC04NL							NL	
27	LC04TL							TL	
28	LC04FL							FL	
29	LC04FF							FF	
30	LC04FR							FR	
31	LC04TR							TR	
32	LC04NR							NR	
33	LC05NN	极限工况	百年一遇	一年一遇	设计压力	完整	完整	NN	0.67
34	LC05NL							NL	
35	LC05TL							TL	
36	LC05FL							FL	
37	LC05FF							FF	
38	LC05FR							FR	
39	LC05TR							TR	
40	LC05NR							NR	
41	LC06NN	极限工况	一年一遇	百年一遇	设计压力	完整	完整	NN	0.67
42	LC06NL							NL	
43	LC06TL							TL	
44	LC06FL							FL	
45	LC06FF							FF	
46	LC06FR							FR	
47	LC06TR							TR	
48	LC06NR							NR	
49	LC07NN	自存工况	百年一遇	一年一遇	设计压力	一根锚链破断	一个舱室充水	NN	1
50	LC07NL							NL	
51	LC07TL							TL	
52	LC07FL							FL	
53	LC07FF							FF	
54	LC07FR							FR	
55	LC07TR							TR	
56	LC07NR							NR	
57	LC08NN	自存工况	一年一遇	百年一遇	设计压力	一根锚链破断	一个舱室充水	NN	1
58	LC08NL							NL	
59	LC08TL							TL	

（续表）

工况编号	名　　称	工况分类	环境条件		压　力	锚链情况	浮力筒条件	浪流方向	API 2RP 安全系数
			波浪	海流					
60	LC08FL	自存工况	一年一遇	百年一遇	设计压力	一根锚链破断	一个舱室充水	FL	1
61	LC08FF							FF	
62	LC08FR							FR	
63	LC08TR							TR	
64	LC08NR							NR	

4）有限元模型

所有的立管组件均采用混合梁单元在 Flexcom 或 OrcaFlex 中进行模拟。单元网格的划分需要满足临界面积的响应精度要求。在高荷载、大曲率和几何尺寸改变处，网格需要细化，以确保沿立管的组合应力（VM）包络线是精确的。需不断对网格进行细化并对结果进行比较，直到满足要求。

强度分析的模型将包括以下塔式立管系统的完整组件：浮力筒；浮力筒与立管的连接系统；顶部立管结构组合；应力节点；跨接软管；鹅颈组件；立管节点；外输出结构；旋转插销；立管底部跨接软管。

（1）浮体模型

塔式立管与跨接软管相连的上部浮体为 FPSO，根据 FPSO 基本特征轮廓曲线，建立 FPSO 的简化模型。船体在波浪作用下的响应 RAOs 需要根据相应的水动力软件计算得到。

（2）跨接软管模型

跨接软管两端分别与 FPSO 和浮力筒顶端相连。跨接软管使用线单元来模拟，与 FPSO 连接端通过柔性节点单元模拟实际的柔性接头，该端固定方式为允许发生旋转，另一端的约束为刚性固定。跨接软管有限元模型如图 6 - 20 所示。

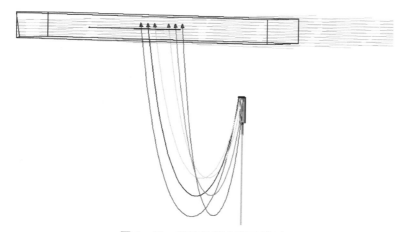

图 6 - 20　跨接软管有限元模型

（3）垂直主体管模型

垂直主体管顶端与浮力筒直接相连，底端与立管基础相连。立管的截面参数需要根据立管分析数据进行等效简化得到，具体简化方法前面章节已详细给出。有限元模型采用线单元模拟，为了尽量模拟真实的立管结构和使用不同的网格密度，将管线分为三段，顶部与底部采用 1 m 为一个单元长度，用来分别模拟两端的锥形应力节点结构；刚性立管底部也设立一柔性节点，模拟实际的旋转插销结构，旋转刚度为 18 000 N/°；管线的中部采用 5 m 为一个单元长度，模型如图 6 - 21 和图 6 - 22 所示。

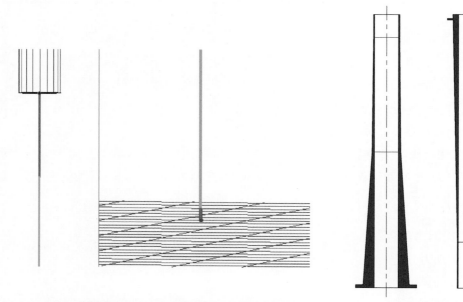

图 6 - 21　垂直主体管两端锥形应力节点有限元模型

图 6 - 22　塔式立管底部与顶部
应力节点有限元模型

（4）浮力筒模型

应用有限元软件 Abaqus 进行总体强度分析时，浮力筒模型主要由以下部分构成：外壳；舱壁；舱壁加强筋；环向加强筋；肘板；顶部应力节点。

模型中不包含压载设备及进出气管系统等。浮力筒主要构件如外壳等由 Shell 单元模拟，顶部应力节点采用 Solid 单元模拟。图 6 - 23 为浮力筒有限元模型。

（5）总体模型

基于前面介绍的各部件模型，建立塔式立管总体模型，进行塔式立管在位强度分析。图 6 - 24 是塔式立管有限元模型。

5）静力分析

进行静力分析的目的是确定系统的初始平衡位置，以作为时域动力分析的初始值。静力分析中考虑的荷载为定常荷载，包括静水压力、浮力、重力、流荷载及土壤的反作用力等。

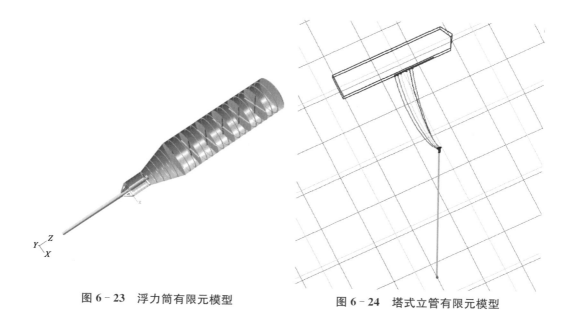

图 6 - 23　浮力筒有限元模型	图 6 - 24　塔式立管有限元模型

6）时域动力分析

时域动力分析的目的是在考虑波浪对系统的作用力时,检验系统在指定工况的作用下的响应是否满足规范要求,以保证系统的安全性。时域动力分析可以考虑整个系统的耦合作用,考虑包括 FPSO、浮力筒、跨接软管及垂直主体管对整个系统动力响应的影响。时域动力分析的模拟时间应该足够长,以体现系统在指定荷载下的稳定响应,一般强度分析的模拟时间为响应稳定后再延续 7～8 个波浪周期。时域动力分析完成后,需要根据规范要求提取响应数据,以与规范提供的标准进行校核。根据工况分类的不同,相应的许用参数也不同,具体参考总体强度设计荷载矩阵。

表 6 - 7 是某塔式立管在位强度分析结果。

表 6 - 7　某塔式立管在位强度分析结果

方向	位置/m	等效应力/MPa		安全系数	许用应力/MPa	是否满足要求
		中心结构管	输油管			
FF	15	304.51	273.75	0.9	403.36	满足
FL	15	298.00	272.01	0.9	403.36	满足
TL	15	296.60	269.42	0.9	403.36	满足
NL	15	294.30	268.60	0.9	403.36	满足
NN	15	292.27	267.13	0.9	403.36	满足
NR	15	293.97	267.26	0.9	403.36	满足
TR	15	296.07	268.98	0.9	403.36	满足
FR	15	297.77	271.93	0.9	403.36	满足

6.3.8 塔式立管疲劳分析

同 TTR、SCR 和柔性立管疲劳分析相同,塔式立管的疲劳也主要由波致疲劳、涡激振动疲劳、安装疲劳三部分组成,疲劳计算公式见式(3-1)。对于塔式立管而言,由于采用浮拖法进行刚性立管安装,在浮拖过程中受波流作用较大,比其他立管如 TTR、SCR 等安装疲劳大。

1) 波致疲劳分析方法

波致疲劳分析的目的在于确定在位服役期间一阶(波致高频)和二阶(FPSO 低频)运动对塔式立管和相关组件疲劳寿命的影响,同时为以下组件的设计提供疲劳荷载和运动响应输入:

① 跨接软管。

② 浮力筒和立管的连接系统。

③ 连接器。

一阶和二阶 FPSO 运动所引起的塔式立管系统的疲劳,采用时域方法进行分析。分析中将应用 FPSO 疲劳所对应的海况,包括 Hs、Tp、波向、JONSWAP 谱峰值参数、流表面速度及方向、发生概率等。

FPSO 六个自由度的运动以幅值响应算子的形式给出。由于由波浪所引起的塔式立管疲劳并不是立管破坏的显著贡献部分,故采用保守分析,并且假设所有的海况发生在塔式立管主平面的同一方向。累积频率考虑八个角度的疲劳海况,以此增加可靠性,分析系统的波致疲劳。

每一疲劳工况至少进行 1 h 的模拟分析,同时通过敏感性分析对比 3 h 和 1 h 的分析结果。

通过雨流计数法计算塔式立管圆周截面的八个等分位置的疲劳破坏。这些位置上的金属和焊缝的疲劳破坏利用 S-N 曲线和应力集中系数进行计算。在计算疲劳破坏时,需将一半的腐蚀裕量考虑在内。

2) 涡激振动疲劳分析方法

塔式立管的涡激振动疲劳分析使用非线性时域分析软件 Flexcom 或 OrcaFlex 和 Shear7。利用 Flexcom 或 OrcaFlex 软件来获取立管的名义形状及沿立管的张力分布情况。建立模型时须包含跨接软管和其他组件,以评估其对塔式立管总体响应的影响。

6.3.9 塔式立管拖航分析

拖航分析是研究塔式立管在海上拖航及立管扶正过程中的强度问题,并检验其是否满足规范要求。

1) 拖航方法

常见的立管拖航方法有水面拖航、水面下拖航、近底拖航和底拖航。对于塔式立管,多选取水面拖航的方法。

无论采用何种拖航方法,拖航所需的设备基本相同,主要包括如下这些:首拖轮一条;尾拖轮一条;安全巡查控制船一条;异频雷达收发机四部;超高频步话机四部;船载绞盘车两台;拖缆。

其他拖轮上的设备有拖轮存储卷筒、拖缆张力测量器、测量定位设备、多余的工作缆绳、临时浮力块等。

(1)水面拖航

水面拖航就是通过在管道上绑扎一定数量的浮力筒,使管道在水中处于漂浮状态。首部由首拖轮通过拖缆拖航,尾部用尾拖轮通过拖缆控制管道在水中的摇摆。该方法的优点是所需牵引力较小,管线轨迹较直观;缺点是受水面波、涌和海流的影响较大,就位轨迹不易控制。这种方法适用于海面平静、风浪较小的海域,拖航速度较快,但波浪引起的管道疲劳损伤较大。水面拖航实例如图 6-25 所示。

图 6-25 水面拖航实例

(2)其他拖航方法

水面下拖航就是管道被控制在水面以下一定深度悬浮着,由水面拖轮牵引。拖航时水对压载链的拖曳力产生一种升力,减小了管道在水下的重量。拖速越大,拖缆与垂直方向的夹角也越大。这种方法在国外应用最多,研究也最为广泛。

近底拖航即利用浮力筒和压载链将管道悬浮在距海床一定的高度上,再由拖轮拖航。这种方法适用于海底地形已知的情况,需要的拖力很小,疲劳损伤也较小。

底拖航就是大部分管道在水中处于与海床接触的状态,用拖轮拖航的方法。其优点是受波、涌等的影响较小,就位轨迹易控制,而且在突遇恶劣气候条件时可以弃管,沉放于拖航路线上,待气象条件好转时继续拖航;缺点是海床给予管道较大摩擦力,所需牵引力较大。为了减少管道与海床间的摩擦力,底拖航也需绑扎浮力筒。

2) 扶正操作

塔式立管拖航至安装海域后,首先通过声学多普勒洋流测试仪测量洋流的基本数据,以确定最佳的立管扶正位置。确定扶正位置的主要依据包括不同流层的流速及流向、潜在的障碍物及扶正最后阶段立管底部与海底基础之间的距离等。

扶正位置确定后,将进行扶正前的一系列准备工作。首先,在顶部浮力筒处添加浮力单元,以使顶部浮力与塔式立管湿重平衡。在此阶段,安装船提供张力,以避免塔式立管发生较大变形或产生较大应力,同时对塔式立管进行系统的检查,以确保拖航过程中立管未发生损坏。然后,将浮力筒与安装船通过压载/卸载光缆及柔性管相连。最后,去除塔式立管上的其他临时性浮力单元,并对塔式立管各部分逐一注水。

准备工作完毕后,开始进行扶正操作。立管塔在指定位置稳定后,尾拖轮释放绞盘车绳索使塔式立管底部开始下沉。当立管处于垂直状态时,顶部浮力维持塔式立管底部处于距海底基础 50 m 处的位置,同时调整顶部浮力使下拉塔式立管时所需的拉力不超过 15 t。然后,通过两个最大拉力为 20 t 的海底绞盘车将立管底部拉至预先安装好的海底基础处。

在整个扶正过程中,应对洋流、立管位置、方位、深度进行持续测量,并对操作做出相应的调整。图 6-26 为塔式立管扶正示意图。

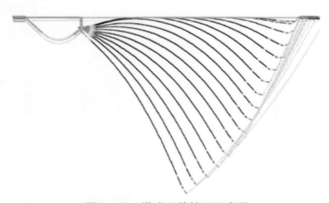

图 6-26　塔式立管扶正示意图

3) 分析方法

OrcaFlex 是完全三维非线性时域有限元软件,可以处理大变形问题。此软件已经广泛地应用于浮式生产平台的柔性和金属立管和承载浮箱、管线铺设、安装海洋设备、海洋系泊和放置分析等。

　　OrcaFlex 是业内先进的海洋工程水动力分析软件，可以对海洋工程立管系统、锚泊系统和安装等进行分析。本节利用 OrcaFlex 软件进行塔式立管的强度分析。

　　4）拖航计算模型

　　图 6-27～图 6-29 为迎浪（180°来流角）拖航状态下，塔式立管拖航的计算模型，其中图 6-27 为迎浪拖航时拖航计算模型的侧视图，图 6-28 为迎浪拖航时拖航计算模型的俯视图，图 6-29 为迎浪拖航时拖航计算模型的局部视图。

图 6-27　迎浪拖航计算模型（侧视图）

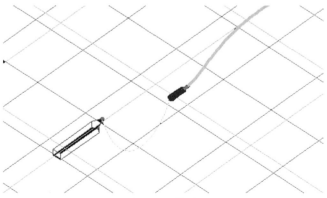

图 6-28　迎浪拖航计算模型（俯视图）

图 6-29　迎浪拖航计算模型（局部视图）

　　5）扶正计算模型

　　塔式立管拖航至安装海域后，首先通过声学多普勒洋流测试仪测量洋流的基本数据，以确定最佳的立管扶正位置。

整个立管扶正过程划分为五个连续的阶段,图6-30~图6-34给出了立管扶正过程的五个阶段的计算模型。

(1)第一阶段计算模型

在第一阶段中,用拖轮将塔式立管拖航至指定位置后,尾拖轮保持在原来位置,而首拖轮则继续向前行驶,拉开两者间的距离。与此同时,首拖轮的绞盘车放出拖缆,塔式立管的底部在重力锚的作用下逐渐下降。图6-30为拖缆长度为206 m时塔式立管的形态。

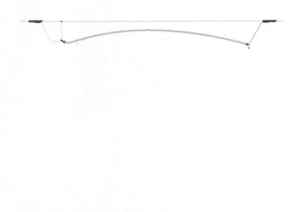

图6-30 立管扶正过程第一阶段计算模型

(2)第二阶段计算模型

在第二阶段,塔式立管的底部随着首拖轮的绞盘车放出拖缆而逐渐下降,与此同时,首拖轮与尾拖轮的间距进一步拉大。图6-31为塔式立管底部下降至550 m水深,拖缆长度为600 m时塔式立管的形态。

图6-31 立管扶正过程第二阶段计算模型

（3）第三阶段计算模型

在第三阶段，当塔式立管的底部距离海底垂直距离大约为 200 m 时，尾拖轮继续保持原位置不动，首拖轮则向回行驶，使两者间距逐渐缩小。塔式立管则在重力锚的作用下继续下降，向海底靠近（图 6 - 32）。

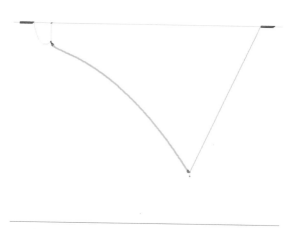

图 6 - 32　立管扶正过程第三阶段计算模型

（4）第四阶段计算模型

在第四阶段，当重力锚距离海底大约 20 m 时，在 ROV 与首拖轮的配合操作下，将塔式立管的底部基座与海底的连接装置相连（图 6 - 33）。

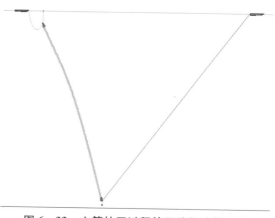

图 6 - 33　立管扶正过程第四阶段计算模型

（5）第五阶段计算模型

第五阶段对应于塔式立管与海底基座连接完成后的后续步骤，首拖轮通过海底基座上的滑轮放下重力锚。此时立管主体与垂直线保持一定的夹角(图6-34)。

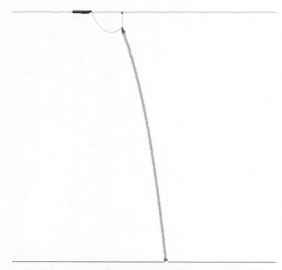

图6-34　立管扶正过程第五阶段计算模型

第 7 章　柔性管国产化

柔性管是高技术产品,制造难度高,一直被 TechnipFMC、GE 公司、NOV 等少数国外公司所垄断,国内采办面临着产品价格高、采办周期长的不利局面,制约了柔性管在我国海上油气田开发中的应用。为了打破国外公司对非粘结柔性管的技术垄断,从"十二五"开始对非粘结柔性管国产化关键技术进行了攻关。通过研究,自主开发了非粘结柔性管的设计方法,研制了柔性管压溃、爆破、拉/弯/扭刚度、疲劳、快速泄压、挤压等原型试验设备,建立了柔性管材料性能测试实验室和原型实验室。自主开发了非粘结柔性管的制造技术,研制了柔性管 S 形互锁钢骨架、Z 形钢抗压铠装层、扁钢抗拉铠装层成型设备及工艺,建成了国内首条非粘结保温输油柔性管生产线,年产能力达 120 km。非粘结柔性管的研制从设计、材料选择、制管、材料试验、原型测试等全过程经过了法国 BV 船级社的审核,并取得了 API 体系和徽标认证。自 2012 年以来,基于研究成果设计制造的柔性管产品已成功应用于国内渤海、南海、东海,以及国外马来西亚的油气田开发中,总长度约 150 km。

7.1　国产化柔性管设计

分别针对 300 m 和 1 500 m 水深保温输油柔性管进行了设计,考虑到柔性管用作立管,需要考虑抵抗动态荷载、输送介质具有腐蚀性、保温要求等因素,选取如图 7-1 所示的结构。基于第 5 章介绍的柔性立管截面设计方法,开发了柔性管截面设计软件,能够对柔性管骨架层、抗拉铠装层、抗压铠装层、最小弯曲半径、疲劳等进行设计,软件界面如图 7-2 所示。利用开发的软件完成了 300 m 和 1 500 m 水深保温输油柔性管的截面设计,300 m 水深保温输油柔性管的结构为 19 层,1 500 m 水深保温输油柔性管的结构为 21 层,在 300 m 水深保温输油柔性管的结构基础上,在抗拉铠装层和玻纤带之间增加了两层抗磨层,以增加抵抗抗拉铠装层的变形能力。表 7-1 是 300 m 水深保温输油柔性管结构。在进行柔性管截面设计过程中,需要对柔性管各层材

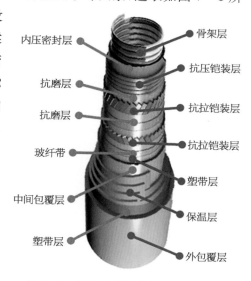

内压密封层　骨架层
抗压铠装层
抗磨层
抗拉铠装层
抗磨层
抗拉铠装层
玻纤带
塑带层
中间包覆层
保温层
塑带层
外包覆层

图 7-1　保温输油柔性管结构示意图

料进行选择。表 7-2 是 300 m 和 1 500 m 水深保温输油柔性管各层材料选择的结果和说明。表 7-3 是 300 m 水深保温输油柔性管截面结构参数。

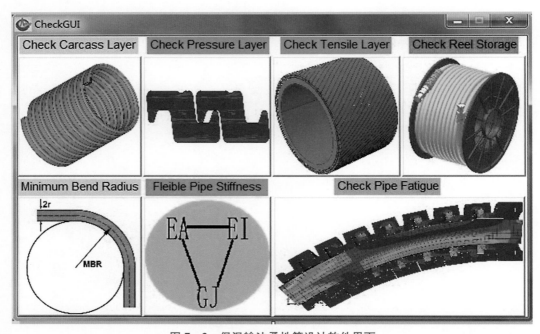

图 7-2　保温输油柔性管设计软件界面

表 7-1　300 m 水深保温输油柔性管结构

序　号	层　　名	功　　能
1	骨架层	支撑内管,防止内管承受外压时产生压溃
2	内压密封层(2 层)	密封管内流体
3	抗压铠装层	承受内压及外压
4	抗磨层(2 层)	防止金属与金属接触磨损
5	抗拉铠装层	承受轴向拉力、扭矩
6	抗磨层(2 层)	防止金属与金属接触磨损
7	抗拉铠装层	承受轴向拉力、扭矩
8	玻纤带(2 层)	限制抗拉铠装层钢丝变形
9	塑带层	辅助制造
10	中间包覆层	外包覆层破坏时隔离外部流体
11	保温层(2 层)	防止热量流失
12	塑带层	辅助制造
13	外包覆层(2 层)	防止海水侵入,抵抗机械损坏

表 7 - 2   保温输油柔性管各层材料的选择

层 名	所选材料	说 明
骨架层	双相不锈钢 2205	① 该层材料选择应考虑的主要因素为流体温度、CO_2、H_2S、氯化物、含氧量及含砂量,考虑这些因素对材料造成的侵蚀和腐蚀 ② 其他需考虑的因素包括输送流体的 pH 值、水、游离硫和汞含量 ③ 碳钢用于非腐蚀环境下,高合金不锈钢用于腐蚀环境下 ④ 现有骨架层生产设备可生产 304、316L 和双相不锈钢材料。根据流体成分,骨架层设计采用双相不锈钢 2205
内压密封层	PVDF	① 影响材料性能的主要因素有使用温度、压力和流体的化学成分。该层材料的典型性能有许用温度范围、流体兼容性和抗起泡性。许用温度范围和输送流体有关,起泡特征和温度及压力有关 ② HDPE、XLPE、PVDF 使用温度和抗压能力逐渐升高,PA - 11 的最高使用温度和烃中含有饱和水的比例及酸性环境有关,含有的饱和水越少,酸性环境越弱,使用温度越高 ③ 输送流体成分为酸性,设计温度为 90℃,设计压力为 20 MPa,使用寿命为 15 年。HDPE 和 PA - 11 的最高使用温度小于 90℃,不能采用;XLPE 的使用温度可达到 90℃,但其内压小于 20 MPa。内压密封层材料采用 PVDF
抗压铠装层和抗拉铠装层	30MnSi	① 这两层位于内压密封层和外包覆层之间,外包覆层在安装或运行期间的破坏可能导致海水进入管子结构中,使抗压铠装层和抗拉铠装层的材料受到腐蚀,或在输送流体中含有 H_2S、CO_2 和水,从内压密封层渗透到环形空间中,导致材料的腐蚀 ② 30MnSi 具有良好的屈服强度和耐磨性能,保温输油柔性管铠装层设计采用 30MnSi
抗磨层	PA - 11	① 抗磨层位于两金属层之间,用于减少金属层的摩擦,要承受较大的接触应力和变形 ② PA 具有较高的硬度,有良好的耐磨性和抗冲击性能,保温输油柔性管抗磨层设计采用 PA - 11
中间包覆层	PA - 11	① 中间包覆层主要起密封作用,防止海水进入管子结构中,对管子产生腐蚀,要考虑强度及流体的渗透性。规范中推荐的材料有 HDPE 和 PA - 11 ② 在温度和动态性能要求较高的情况下,保温输油柔性管中间包覆层设计采用 PA - 11
保温层	PP	① 保温层位于抗拉铠装层和外包覆层之间,其主要作用为防止热量损失,影响材料选择的因素为温度和材料强度,且要保证在安装工况下该层的完整性 ② 规范推荐 PP、PVC 和 PU。根据项目的设计温度为 90℃,PVC 材料的使用温度不满足要求,其使用温度低于 80℃。根据估计,在安装时张紧器对柔性管的夹持压力在 0.6 MPa 的量级,由此可知 PU 材料的抗压强度不满足要求 ③ 根据材料特性及设计参数,保温输油柔性管保温层设计采用 PP

（续表）

层　名	所选材料	说　明
辅助层	玻纤带	① 规范中并没有给出辅助层的具体要求,辅助层的作用主要是防止柔性管抗拉铠装层在受到过多的压缩时产生局部屈曲 ② 玻纤带是一种高强度的轻质材料,可缠绕到抗拉铠装层外面防止扁钢出现局部屈曲,在保温输油柔性管设计中,辅助层选用玻纤带
外包覆层	HDPE	① 外包覆层主要是防止外部海水进入管体及抵抗外部机械损伤,外包覆层材料要求具有耐磨性和抗冲击性能 ② HDPE 通常在高温高压、高耐溶剂性等情况下使用,同时 HDPE 也具有良好的耐磨性和抗冲击性能,其能承受最高 60℃的连续作用。保温输油柔性管外包覆层设计采用 HDPE

表 7-3　300 m 水深保温输油柔性管截面结构参数

序　号	层　名	内径/mm	厚度/mm	外径/mm	缠绕角度/°	数　量
1	骨架层	203.2	8.0	219.2	88.0	1
2	内压密封层	219.2	6.0	231.2	0.0	1
3	内压密封层	231.2	8.0	247.2		1
4	抗压铠装层	247.2	8.0	263.2	88.2	2
5	抗磨层	263.2	1.0	265.2	84.5	1
6	抗磨层	265.2	1.0	267.2	84.5	1
7	抗拉铠装层	267.2	5.0	277.2	35.0	66
8	抗磨层	277.2	1.0	279.2	84.8	1
9	抗磨层	279.2	1.0	281.2	84.8	1
10	抗拉铠装层	281.2	5.0	291.2	−35.0	68
11	玻纤带	291.2	1.8	294.7	86.5	2
12	玻纤带	294.7	0.9	296.5	86.5	1
13	塑带层	296.5	1.0	298.5	86.5	2
14	中间包覆层	298.5	8.0	314.5		1
15	保温层	314.5	17.0	348.5	86.9	1
16	保温层	348.5	17.0	382.5	87.2	1
17	塑带层	382.5	0.5	383.5	87.3	1
18	外包覆层	383.5	8.0	399.5		1
19	外包覆层	399.5	10.0	419.5		1

7.2　国产化柔性管制造

保温输油柔性管制造研究包括设备研制、设备调试和制造工艺研究。

保温输油柔性管各层制造设备名称及生产工艺见表 7-4。

表 7-4　保温输油柔性管各层制造设备名称及生产工艺

序　号	层　　　名	设 备 名 称	生 产 工 艺
1	骨架层	不锈钢锁扣生产线	S 形互锁结构缠绕而成
2	内压密封层	包覆生产线	聚合物挤塑
3	抗压铠装层	承压锁扣生产线	Z 形互锁结构缠绕而成
4	抗磨层	缠绕生产线	尼龙带缠绕
5	抗拉铠装层	扁钢缠绕生产线	钢丝螺旋缠绕
6	抗磨层	缠绕生产线	尼龙带缠绕
7	抗拉铠装层	扁钢缠绕生产线	钢丝螺旋缠绕
8	抗磨层	缠绕生产线	尼龙带缠绕
9	辅助层	缠绕生产线	玻纤带缠绕
10	中间包覆层	包覆生产线	聚合物挤塑
11	保温层	保温层缠绕生产线	保温带缠绕
12	辅助层	缠绕生产线	塑带缠绕
13	外包覆层	包覆生产线	聚合物挤塑

开发的保温输油柔性管制造工艺流程及研制的制造设备如图 7-3 所示，柔性管制造是由内至外逐层生产，生产完成后安装接头，然后进行工厂接收试验，试验成功后过驳装船，然后运输至指定位置安装。

图 7-4 是建立的保温输油柔性管制造生产线。

图 7-5 是利用建立的柔性管生产线制造的 8″保温输油柔性管样管，样管长100 m。

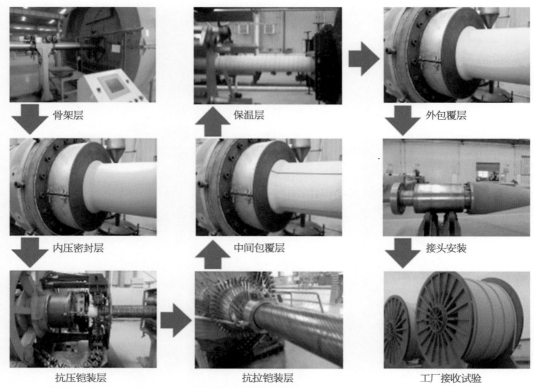

骨架层　　　　　　保温层　　　　　　外包覆层

内压密封层　　　　中间包覆层　　　　接头安装

抗压铠装层　　　　抗拉铠装层　　　　工厂接收试验

图 7 - 3　保温输油柔性管制造工艺流程及制造设备

图 7 - 4　保温输油柔性管制造生产线

图 7 - 5　保温输油柔性管样管

7.3　国产化柔性管试验研究

保温输油柔性管试验包括材料试验、原型试验和工厂接收试验。研究过程中先后完成金属材料试验 120 组、非金属材料试验 1 001 组,完成原型试验 25 组,完成工厂接收试验 4 组。

1) 材料试验

柔性管材料试验的目的是获得材料性能指标,为柔性管的设计和性能评估提供参数。保温输油柔性管由金属材料和非金属材料复合组成,开展的金属材料和非金属材料试验测试内容和测试标准见表 7 - 5 和表 7 - 6。

表 7 - 5　柔性管金属材料试验内容及标准

性　能	测　试　内　容	测试标准
合金特性	化学成分	ASTM A751
	金相试验	
力学性能	屈服强度	ISO 6892
	极限强度	ISO 6892
	拉伸性能	ISO 6892
	硬度	ISO 6507 - 1
	抗疲劳性能	API 17J
	耐磨蚀性能	API 17J

（续表）

性　能	测　试　内　容	测　试　标　准
材料特性	抗硫应力腐蚀和氢应力开裂	API 17J
	抗腐蚀性	API 17J
	阴极保护下抗开裂	API 17J
	耐化学性	

表 7 - 6　柔性管非金属材料试验内容及标准

性　能	测试内容	测　试　标　准	
		ISO 或 API	ASTM
力学/物理性能	抗蠕变	ISO 899 - 1	ASTM D2990
	屈服强度/伸长率	ISO 527 - 1/2	ASTM D638
	极限强度/伸长率	ISO 527 - 1/2	ASTM D638
	应力松弛特性	ISO 3384	ASTM E328
	弹性模量	ISO 527 - 1/2	ASTM D638
	硬度	ISO 868	ASTM D2240 或 ASTM D2583
	压缩强度	ISO 604	ASTM D695
	冲击强度	ISO 179 或 ISO 180	ASTM D256
	耐磨性	ISO 9352	ASTM D4060
	密度	ISO 1183	ASTM D792
	疲劳	ISO 178	
	缺口灵敏度	ISO 179	ASTM D256
热性能	导热系数		ASTM C177
	热膨胀系数	ISO 11359 - 2	ASTM E831
	热变形温度	ISO 75 - 1 或 ISO 75 - 2	ASTM D648
	软化点	ISO 306	ASTM D1525
	热容	ISO 11357 - 1 或 ISO 11357 - 4	ASTM E1269
	脆性温度/玻璃化温度	ISO 974	ASTM D746
渗透性能	流体渗透性	API 17J	
	抗起泡性能	API 17J	
兼容性和老化	流体兼容性	API 17J	
	老化试验	API 17J	
	环境应力开裂		ASTM D1693 - 05
	吸水性	ISO 62	ASTM D570

柔性管金属材料和非金属材料试验设备见表 7-7 和表 7-8。图 7-6 和图 7-7 是柔性管金属材料和非金属材料部分试验设备。

表 7-7　柔性管金属材料试验设备

序　号	测　试　内　容	设　　备
1	化学成分	光谱仪
2	金相试验	金相显微镜
3	屈服强度	金属万能试验机
4	极限强度	金属万能试验机
5	拉伸性能	金属万能试验机
6	硬度	硬度计
7	抗疲劳性能	疲劳试验机
8	抗腐蚀性	高温高压反应釜
9	阴极保护下抗开裂	电化学工作站、应力腐蚀试验机
10	低温冲击	冲击试验机

表 7-8　柔性管非金属材料试验设备

序　号	测　试　内　容	设　　备
1	抗蠕变	蠕变试验机
2	屈服强度/伸长率	电子万能试验机
3	极限强度/伸长率	电子万能试验机
4	应力松弛特性	蠕变试验机
5	弹性模量	电子万能试验机
6	硬度	邵氏 D 硬度计
7	压缩强度	电子万能试验机
8	耐静水压性能	高压反应釜
9	冲击强度	简支梁冲击试验机
10	耐磨性	双头磨片测定仪
11	密度	直读式电子密度计
12	疲劳	疲劳试验机
13	缺口灵敏度	简支梁冲击试验机
14	导热系数	热流计法导热系数测定仪
15	热膨胀系数	热机械分析仪
16	软化点	热变形维卡软化点测试仪
17	热容	差示量热扫描仪
18	脆性温度/玻璃化温度	差示量热扫描仪
19	流体渗透性	压差法气体渗透仪

（续表）

序 号	测 试 内 容	设 备
20	抗起泡性能	高压反应釜
21	流体兼容性	高压反应釜
22	老化试验	热空气老化试验箱
23	环境应力开裂	环境应力开裂测定仪
24	耐气候性	紫外光耐气候试验箱
25	吸水性	电子分析天平
26	固化度	差示量热扫描仪
27	剪切试验	电子万能试验机

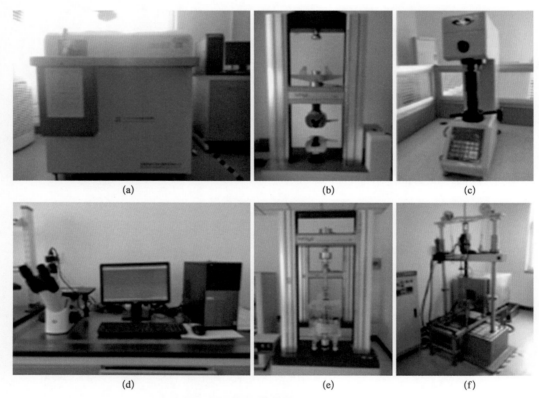

图 7-6　柔性管金属材料试验设备

（a）光谱仪；（b）金属万能试验机；（c）硬度计；（d）金相显微镜；（e）应力腐蚀试验机；（f）疲劳试验机

2）原型试验

根据 API 17B 要求，柔性管的设计方法需要通过原型试验进行验证。原型试验的目的除了验证柔性管的设计方法外，还有一个目的是测试柔性管的性能，为施工设计提供依据。原型试验可以分为三类：第一类是最常用的标准原型试验，包括压溃试验、爆

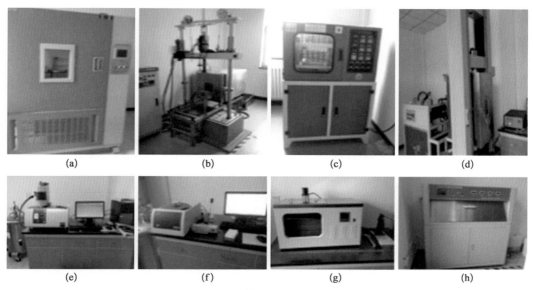

图 7-7　柔性管非金属材料试验设备

（a）热空气老化试验箱；（b）疲劳试验机；（c）平板硫化仪；（d）电子万能试验机；（e）热机械分析仪；
（f）差示量热扫描仪；（g）环境应力开裂测定仪；（h）紫外光耐气候试验箱

破试验、拉伸试验；第二类是特殊原型试验，通常用于验证特定方面的性能，如安装和运行条件，包括挤压试验、动态疲劳试验、拉弯组合试验等；第三类是柔性管特性原型试验，包括扭转刚度试验、弯曲刚度试验、快速泄压试验、热性能试验等，见表 7-9。

表 7-9　柔性管原型试验

序　号	类　　型	试 验 名 称	试　验　目　的
1	标准原型试验	压溃试验	验证设计方法，测试柔性管的极限抗外压能力
2		爆破试验	验证设计方法，测试柔性管的极限承压能力
3		拉伸试验	验证设计方法，测试柔性管的极限承拉能力
4	特殊原型试验	挤压试验（模拟张紧器）	测试柔性管抗挤压能力，为施工提供依据
5		疲劳试验	验证设计方法，测试柔性管的抗疲劳性能
6		拉弯组合试验	模拟施工工况，验证在最少弯曲半径下柔性管的抗拉能力
7	特性原型试验	扭转刚度试验	验证设计方法，测试扭转刚度
8		弯曲刚度试验	验证设计方法，测试弯曲刚度
9		快速泄压试验	验证接头的密封性能
10		热性能试验	测试柔性管的总传热系数
11		温度试验	验证接头的密封性能

为了进行柔性管原型试验,开发了一套柔性管原型试验程序,研制了柔性管原型试验装置,建立了柔性管原型实验室。图 7-8～图 7-14 是研制的原型试验部分装置。

图 7-8 压溃试验装置

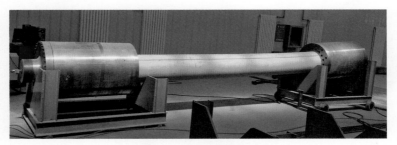

图 7-9 爆破试验装置

图 7-10 拉伸试验装置

图 7 – 11　挤压试验装置

图 7 – 12　疲劳试验装置

图 7 – 13　拉弯组合试验装置

图 7-14 弯曲刚度试验装置

利用开发的柔性管原型试验程序和研制的原型试验装置,对研制的 300 m 水深保温输油柔性管样管开展了 25 组柔性管原型试验,试验结果见表 7-10。原型试验结果证明了研制的保温输油柔性管样管能够承受 300 m 水深的静水压力。

表 7-10 保温输油柔性管原型试验结果

序 号	试 验 名 称	试 验 结 果
1	压溃试验	>13 MPa
2	爆破试验	>60 MPa
3	拉伸试验	刚度:508 MN 拉力:3 163 kN
4	扭转刚度试验	6 099 kN · m²/rad
5	弯曲刚度试验	577 KN · m²
6	挤压试验 (模拟张紧器)	拉力:27.5 t 弯曲半径:4.52 m
7	疲劳试验	拉力:80 t 转角:±15° 循环次数 38 万次,抗拉铠装层累积疲劳损伤小于 0.1
8	快速泄压试验	满足规范要求
9	热性能试验	总传热系数:1.96 W/(m² · ℃)
10	温度试验	最高 90℃

3) 工厂接收试验

根据 API 17J 规定,柔性管在出厂移交前,需要进行工厂接收试验,以验证制造的柔性管满足规范要求。柔性管工厂接收试验包括以下几项:

①　通径试验：检测柔性管堵塞和总变形。

②　静水压力试验：验证柔性管能够承受预期压力或识别柔性管潜在的缺陷。

③　电连续性和电阻试验：验证柔性管阴极保护系统是有效的，验证柔性管骨架层与端部接头之间是电绝缘的。

④　排气系统试验：验证在水压试验后和包装后，柔性管气体泄放系统能够正常地工作。

为了开展柔性管工厂接收试验，开发了保温输油柔性管工厂接收试验程序，对研制的 300 m 水深保温输油柔性管样管进行了工厂接收试验。图 7 - 15～图 7 - 18 是部分工厂接收试验实物图。

图 7 - 15　通径试验

图 7 - 16　静水压力试验

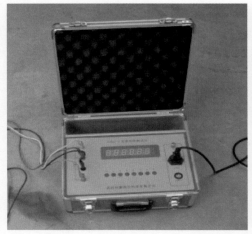

图 7 - 17 电连续性和电阻试验

图 7 - 18 排气系统试验

工厂接收试验结果见表 7 - 11,试验结果表明制造的 300 m 水深保温输油柔性管样管工厂接收试验结果符合验收标准。

表 7 - 11 保温输油柔性管工厂接收试验结果

序号	试验名称	试验结果	验收标准
1	通径试验	清管器没有损坏 清管器没有凹痕	清管器通过柔性管不受损坏 凹痕是不允许的
2	静水压力试验	24 h 压降 3.8%	24 h 压降小于 4%
3	电连续性和电阻试验	接头电阻:0.39 Ω/km 骨架层和接头电阻:无限大	两个接头之间的电阻值小于 10 Ω/km 骨架层和接头之间的电阻值大于 1 kΩ
4	排气系统试验	排气正常	排气阀能顺畅排气

7.4　国产化柔性管工程应用

自从"十二五"开展柔性管国产化研究以来,利用开发的设计软件和建立的柔性管生产线,设计和制造了近 150 km 的注水、注气、注 MEG、油气水混双柔性管。这些柔性管应用于我国渤海、东海和南海 11 个海上油气田开发中,最大应用水深 142 m,最大应用内径 12″,最大应用压力 27.23 MPa,最高应用温度 88℃。表 7-12 是国产化柔性管的工程应用情况。

表 7-12　国产化柔性管的工程应用情况

项 目 名 称	年份	地点	水深 /m	长度 /km	内径 /″	设计压力 /MPa	设计温度 /℃	用 途
文昌 19-1A 至 B 油田 8″混输管道	2012 年	南海	125	0.5	8	6	60	油气混输
文昌 13-6 油田 10″混输管道	2013 年	南海	117	18.33	10	6	60	油气混输
崖城 13-1 气田至香港终端 10″输气管道	2013 年	南海	90	0.37	10	6	45	油气混输
文昌 19-1A 至 B 油田 8″混输管道整体更换	2014 年	南海	125	5.5	8	6	80	油气混输
SHX36 - 5A 到 HY1-1A 气田 2 in MEG 柔性管	2014 年	东海	83.7	0.13	2	3.15	50	MEG
渤中 28/34 油田群 6″注水管道	2014 年	渤海	19.2～20.7	17.6	6	20	88	注水
东方 1-1 气田 12″输气管道	2015 年	南海	63～69	9.6	12	9.25	63	输气
涠洲 12-1B 至涠洲 12-1A 平台 10″注水管道	2015 年	南海	30.2～32.1	2.5	10	16.5	75	注水
文昌 10-3SPS 至文昌 9-2/9-3CEP	2017 年	南海	110～142	20.903	8	27.23	55	油气水混输
文昌 9-2/9-3CEP 至文昌 8-3 WHPB	2017 年	南海	110～142	18	6	6.25	48	油水混输

项　目　名　称	年份	地点	水深 /m	长度 /km	内径 /″	设计压力 /MPa	设计温度 /℃	用　途
涠洲6-13油田混输管道	2018年	南海	30.3～31.9	5.04	10	4.5	85	油气水混输
涠洲6-13油田注水管道	2018年	南海	30.3～31.9	5.04	6	7.3	77	注水

深水海底管道和立管工程技术

第 8 章　湿式保温管国产化

海底管道保温分为干式保温和湿式保温两种形式。干式保温用于双层管海底管道,保温材料布设在双层钢管之间,不与外界海水接触。湿式保温用于单层管海底管道,保温材料与外界海水接触。同干式保温相比,湿式保温具有钢材用量少、浮体负载小、对铺设装备能力要求低、海上管道节点连接效率高等优点,因此在深水油气田开发中得到更广泛的应用。但由于湿式保温材料与外界海水环境接触,对其性能有较高要求,必须具备足够的抗压强度和耐磨性、良好的弯曲性能、极低的吸水率、极强的耐水解性和耐海生物附着性。

国外对湿式保温材料已进行了几十年的研究,技术已较成熟,但其供货存在价格昂贵、采办周期长的问题,极大地制约了湿式保温技术的应用。为了打破这种局面,我国从"十二五"时期开始对复合聚氨酯湿式保温材料和湿式保温管国产化开展攻关。自主研发了复合聚氨酯湿式保温材料配方和成型工艺,开发了复合聚氨酯湿式保温管涂敷预制工艺和节点接长工艺,建成了国内首条复合聚氨酯湿式保温管生产线,实现了湿式保温材料和保温管的国产化和产业化,打破了制约湿式保温在我国海上油气田应用中的束缚,推动了湿式保温在我国油气田开发中的应用。同采购国外进口湿式保温材料相比,采用国产湿式保温材料可节省近30%的投资,降低了海上油气田开发费用。目前,开发的复合聚氨酯湿式保温管已成功应用于蓬莱 19-3 油田 1/3/8/9 区海底管道工程建设中。

8.1　湿式保温材料

目前,海底管道湿式保温材料主要有复合聚氨酯(syntactic polyurethane,SPU)和多层聚丙烯(multi-layer polypropylene,XLPP)。下面对这两种湿式保温材料进行介绍。

1) 复合聚氨酯湿式保温材料

复合聚氨酯是在聚氨酯材料中添加空心高分子聚合物而形成的保温材料。复合聚氨酯适用的最大水深为 300 m,若要用于更深的水中,需要在复合聚氨酯弹性体中添加直径小于 100 μm 的空心玻璃微珠,形成含玻璃微珠复合聚氨酯(glass syntactic polyurethane,GSPU)。添加空心玻璃微珠一方面能提高聚氨酯材料的抗压和抗蠕变性,另一方面还可以降低材料的导热系数,提高其保温性能。GSPU 适用的最大水深可达 3 000 m。表 8-1 给出了聚氨酯、复合聚氨酯和含玻璃微珠复合聚氨酯的主要性能。

表 8-1　聚氨酯系列保温材料主要性能

性 能 参 数	聚氨酯 (PU)	复合聚氨酯 (SPU)	含玻璃微珠复合聚氨酯 (GSPU)
密度/(kg·m^{-3})	1 150	600～800	780～850
导热系数/[W·(m·k)$^{-1}$]	0.195	0.1～0.165	0.145～0.175
比热/[J·(kg·K)$^{-1}$]	1 800	1 700	1 700
适用最高温度/℃	140	110	110
适用最大水深/m	3 000	300	3 000

图 8-1 是复合聚氨酯涂层浇注的工艺流程。钢管经预热、喷砂除锈清洁后,通过静电喷涂方式将底层的 FBE 粘接到钢管上,外层通过模具浇注(或旋转浇注)的方式将复合聚氨酯涂敷到管体上,涂敷完成后进行脱模和表面修整操作,最后进行质量检验和测试。图 8-2 为复合聚氨酯涂层结构。

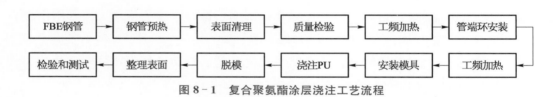

图 8-1　复合聚氨酯涂层浇注工艺流程

图 8-2　复合聚氨酯涂层结构

1—FBE 涂层;2—复合聚氨酯涂层

2) 多层聚丙烯湿式保温材料

多层聚丙烯湿式保温材料是由多层不同类型的聚丙烯(如实心聚丙烯、发泡聚丙烯、复合聚丙烯等)复合而成的,具有质轻、抗压、韧性高、稳定性好等特点。聚丙烯的层数可以根据需要进行调整,目前深水开发中应用较多的是 5 层聚丙烯(5LPP),5LPP 由 FBE、胶黏剂、中间实体 PP、复合或发泡 PP、外部实体 PP 五部分组成。其中 FBE、胶黏剂和中间实体 PP 形成 3LPP,主要起防腐作用,复合或发泡 PP 主要起保温作用,外部实体 PP 主要起保护作用。表 8-2 给出了实心聚丙烯、发泡聚丙烯和复合聚丙烯的主要性能。

表 8-2 聚丙烯系列保温材料主要性能

性 能 参 数	实心聚丙烯	发泡聚丙烯	复合聚丙烯
密度/(kg·m^{-3})	900	650~750	670~820
导热系数/[W·(m·K)$^{-1}$]	0.21	0.15~0.18	0.15~0.18
比热/[J·(kg·K)$^{-1}$]	2 000	1 680	1 700
适用最高温度/℃	140	120	140
适用最大水深/m	3 000	600	3 000

图 8-3 为 5LPP 涂层涂敷工艺流程。钢管经预热、喷砂除锈清洁后,将底层 FBE 喷涂到钢管上,然后将胶黏剂和实心聚丙烯挤压到钢管上,形成 3LPP,3LPP 完成后需要进行质量检测,防止出现漏点。质量检测满足要求后,在 3LPP 外继续涂敷复合或发泡聚丙烯层和外部防护聚丙烯层,这两层同时进行涂敷,以确保管道外径一致和避免泡沫中含有空气。图 8-4 是 5LPP 涂层结构。

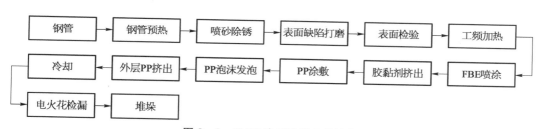

图 8-3 5LPP 涂层涂敷工艺流程

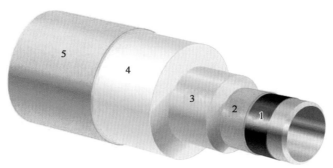

图 8-4 5LPP 涂层结构

1—FBE;2—胶黏剂;3—实心 PP;4—发泡 PP;5—外防水层

3) 复合聚氨酯涂层与多层聚丙烯涂层比较

表 8-3 给出了复合聚氨酯涂层与多层聚丙烯涂层的对比。从表中可以看出,复合

聚氨酯涂层制作工艺相对简单、预制能耗低、前期投资低,但原料价格高;多层聚丙烯涂层原料价格便宜,但预制能耗和前期投资高,制作工艺相对复杂。

表 8-3　复合聚氨酯涂层与多层聚丙烯涂层对比

内　容	复合聚氨酯涂层	多层聚丙烯涂层
涂敷方法	模具浇注	挤出
最高工作温度/℃	115	140
最大工作水深/m	3 000	3 000
导热系数/[W·(m·K)$^{-1}$]	0.145~0.175	0.15~0.21
密度/(kg·m^{-3})	600~850	730~850
制作工艺	相对简单,质量容易控制	相对复杂,需要多层挤出,质量不易控制
原料供应	价格较高,但可选范围较大	价格便宜,但可选范围较小
存储/安装	容易	节点处理较难
预制过程能量消耗	低	高
前期资产投资	低	高

4）国外和国内海底管道湿式保温材料

国外许多专业公司如加拿大的 Bredero Shaw、瑞典的 Trelleborg、意大利的 Socotherm 等对海底管道湿式保温材料已经开展了数十年的研究,分别开发出各自的海底管道湿式保温材料产品系列,在深水油气田开发中得到了广泛应用。同国外相比,我国的海底管道湿式保温材料无论在产品开发还是工程应用方面都远远落后,一方面由于我国海上油气田开发主要集中在水深 150 m 以内的浅水区,利用双层保温管进行干式保温就能解决保温问题,另一方面国内没有海底管道用湿式保温材料,从国外购买湿式保温材料价格昂贵、采办周期长,这在一定程度上制约了海底管道湿式保温技术在我国海上油气开发中的应用。随着我国南海深水油气田的开发,双层管干式保温由于管重原因不如单层管湿式保温更适于深水开发,国内对单层管湿式保温需求越来越迫切。因此,在“十二五”和“十三五”期间,中海油研究总院有限责任公司联合中海油能源发展股份有限公司对海底管道湿式保温管国产化进行攻关,成功研发出适用于水深 1 500 m 的含中空玻璃微珠复合聚氨酯湿式保温材料,开发了湿式保温管预制和海上管节点接长技术与装备,并实现了国产湿式保温管的工程应用。总体来说,我国的海底管道湿式保温材料研发还处于起步阶段,还没有像国外专业公司那样形成系列产品。

开发高强轻质、耐蚀性好、成本经济的新材料是未来深水海底管道和立管管材的发展方向。

8.2　国产化湿式保温管研究

与多层聚丙烯相比,GSPU 保温涂层具有质量稳定性好、易控制、制作工艺相对简单、投资较低、原材料来源较丰富等优势,根据中海油能源发展股份有限公司目前具备的技术能力,选取 GSPU 作为湿式保温材料并进行湿式保温管国产化研究。

GSPU 湿式保温管国产化研究包括 GSPU 湿式保温材料研发、湿式保温管涂敷预制工艺研究和湿式保温管现场节点接长工艺研究。

通过对 GSPU 湿式保温材料配方、成型工艺、材料性能测试,GSPU 湿式保温管涂敷预制工艺、海上现场节点接长技术等一系列关键技术进行攻关,我国成功研制了适用于 1 500 m 水深的含玻璃微珠复合聚氨酯湿式保温材料的配方及成型工艺,建立了一套基于 ASTM、DIN、DSC 标准的湿式保温材料和保温管性能测试体系,开发了一套 GSPU 湿式保温管涂敷预制工艺和海上现场节点接长工艺,建立了一条年生产能力达 80 km 的 GSPU 湿式保温管生产线,实现了湿式保温材料和保温管的国产化和产业化,填补了国内空白。

1) GSPU 湿式保温材料研发

GSPU 由复合聚氨酯与中空玻璃微珠混合而成。对于 GSPU 湿式保温材料,中空玻璃微珠是关键材料,它的性能直接影响 GSPU 湿式保温材料性能的高低。在开展湿式保温材料国产化研究之前,国内虽然有厂家生产中空玻璃微珠产品,但其产品不满足海底管道湿式保温的要求。通过与山西海诺科技股份有限公司等国内中空玻璃微珠厂家进行紧密合作,我国成功研发出适用于水深大于 500 m 海底管道湿式保温材料的国产中空玻璃微珠。基于研发的国产中空玻璃微珠进行了复合聚氨酯湿式保温材料试制和湿式保温管预制,并与基于国外中空玻璃微珠试制的复合聚氨酯湿式保温材料和保温管性能进行了对比。性能测试结果表明,基于国产中空玻璃微珠的湿式保温材料能够满足湿式保温管的保温要求,其性能与基于国外进口中空玻璃微珠的湿式保温材料性能相当。同国外进口中空玻璃微珠相比,国产中空玻璃微珠价格低了近 40%。利用国产中空玻璃微珠替代国外进口中空玻璃微珠进行海底管道湿式保温,能够大大降低海底管道工程建设投资。

国产中空玻璃微珠(山西海诺)性能参数如下:

① 密度:$0.391\ \mathrm{g/cm^3}$。

② 粒径:$65\ \mu\mathrm{m}$。

③ 抗压强度：35 MPa。

④ 漂浮率：96%。

基于国产中空玻璃微珠的 GSPU 湿式保温材料性能见表 8-4。

表 8-4 基于国产中空玻璃微珠的 GSPU 湿式保温材料性能

序 号	检 验 项 目	指标要求	检 验 标 准	国 产
1	密度/(kg·m^{-3})	800~860	ASTM D792	847.48
2	硬度(7 d)	≥90	ASTM D2240	95.34
3	导热系数/[W·(m·K)$^{-1}$]	≤0.165	ASTM C518	0.1420
4	断裂拉伸强度/MPa	≥5.0	ASTM D412	6.91
5	断裂伸长率/%	≥50	ASTM D412	108.80
6	撕裂强度/(kN·m^{-1})	≥40	ASTM D624	61.95
7	剪切强度/MPa	≥12	ATM D732	12.60
8	抗压强度(10%变形)/MPa	≥20	ASTM D695	34.99
9	吸水率/%	≤3	ISO 62	0.81

2) 湿式保温管现场节点接长工艺研究

湿式保温管现场节点接长技术是湿式保温管关键技术之一，直接影响到湿式保温管海上铺设效率和施工经济效益。在海上铺管作业时，需要将管段在铺管船上进行节点接长后铺设到海床上。节点接长通常包括钢管焊接、焊接质量检查、节点防腐处理、节点保温处理等工序，这些工序是在铺管船上的不同工作站同时进行。为了不影响海底管道正常铺设速度，要求在保证质量的前提下，尽可能减少节点保温处理时间。

经过研究，我国成功开发了一套湿式保温管现场节点接长工艺，研发了节点浇注材料，研制了湿式保温管现场节点接长浇注装置和管端端面预热装置，建立了节点性能测试方法和试验装置。

湿式保温管节点接长工艺流程如下：

① 节点处理和加热。对节点表面进行清洁处理，对节点两端的 GSPU 进行粗糙化处理，在节点两端安装节点预热装置，对节点进行加热。

② 模具预热与安装。利用焊枪对浇注模具进行预加热，模具加热后安装到节点上。

③ SPU 浇注。采用大流量低压浇注机将配比好的 SPU 从模具底部浇注到模具中。

④ 开模。浇注完成后，静置 5~8 min，待浇注的 SPU 固化后打开模具。

⑤ 涂层修整。对 SPU 节点涂层外形进行修整，保证外形平整。

图 8-5 是我国开发的湿式保温管现场节点接长工艺流程。

节点处理　　　　　节点预热　　　　　模具预热　　　　　模具安装

SPU浇注　　　　　固化开模　　　　　涂层修整　　　　　下海

图 8-5　我国开发的湿式保温管现场节点接长工艺流程

8.3　国产化湿式保温管工程应用

我国开发的湿式保温管技术在 2018 年 5 月底成功用于蓬莱 19-3 油田 1/3/8/9 区块湿式保温管海上铺设。油田水深 29 m,海底管道长 1.6 km,管径 24″,最大操作温度 79℃,GSPU 保温层厚 50 mm。主管涂层结构为 FBE＋GSPU＋混凝土配重,节点涂层结构为 FBE＋SPU＋HDPU。图 8-6 是预制的蓬莱 19-3 油田 GSPU 湿式保温管。图 8-7 是湿式保温管 SPU 浇注节点。

图 8-6　蓬莱 19-3 油田 GSPU 湿式保温管

图 8-7　湿式保温管 SPU 浇注节点

第 9 章　深水海底管道和立管工程技术发展趋势与挑战

9.1 发 展 趋 势

目前深水油气田开发已经推进到 3 000 m 水深海域,并将进一步向超过 3 000 m 水深的超深水海域挺进。面对更加恶劣的超深水海域环境条件,无论是海底管道和立管设计方法还是监测检测技术都需要创新以适应超深水海域油气田开发需要。深水海底管道和立管工程技术有以下几方面的发展趋势。

1) 更先进的海底管道和立管工程设计方法和分析工具

目前的海底管道和立管标准及开发的各种商业分析软件,为深水海底管道和立管工程提供了有效的设计方法和工具。但是由于深水海底管道和立管受力问题非常复杂,且受目前认知的限制,许多问题还没有完全认识清楚,导致目前这些设计方法和分析软件还存在一些不足之处,如立管涡激振动分析软件 Shear7 还无法对往复流作用下立管涡激振动进行准确分析,海底管道设计规范对厚壁管屈曲分析过于保守等。将来随着这些问题的深入研究,更先进的海底管道和立管设计方法和分析工具将被开发和应用。

2) 高性能材料在深水海底管道和立管工程中不断应用

深水油藏具有高温高压特点,这给深水海底管道和立管制造及材料选择带来许多问题。对于常规管材,高压要求更大的管壁厚度,厚壁管不仅对管材制造加工工艺、焊接工艺提出更高要求,而且其较大重量对浮式结构承受变载能力和安装船铺设能力提出更高要求。此外,高温将引起管材的强度退化,降低管材性能。针对深水海底管道和立管面临的高温高压问题,高强、轻质、耐高温的管材如高强钢、碳纤维、钛合金等将不断得到开发和应用。

3) 深水海底管道和立管完整性管理技术更加完备

深水海底管道和立管安全运行是海上深水油气田正常开发的前提,复杂的环境条件、各种不确定因素增加了深水海底管道和立管破坏的风险,对深水海底管道和立管实行完整性管理是降低其运行风险的有效措施。风险识别和评估是完整性管理的主要内容,随着深水海底管道和立管监测/检测技术不断发展,以及风险评估技术不断进步,深水海底管道和立管完整性管理技术体系将更加完善。

9.2　我国面临的挑战和攻关方向

经过多年科技攻关特别是南海荔湾气田群、流花油田群、陵水气田群等深水油气田的持续开发,我国的深水海底管道和立管工程技术从无到有,具备了一定的深水油气田自主开发能力。但同国际先进水平相比,我国的深水海底管道和立管工程技术还存在很大的差距,目前国内所形成的深水海底管道和立管工程技术还不足以对我国南海深水油气田完全自主开发提供全面支持。

9.2.1　我国面临的挑战

目前我国深水海底管道和立管工程面临的挑战主要有以下几方面。

1) 深水海底管道和立管工程设计技术

目前国内实际应用的深水立管工程项目仅陵水 17 - 2 气田钢悬链立管一项,流花 16 - 2 油田仅是开展了顶张紧立管前端工程设计而没有实际工程应用,国内缺乏深水海底管道工程设计经验,还不具备深水立管独立设计能力,还存在许多问题,如 SCR 触地区管土相互作用、内波作用下立管涡激疲劳等还未研究清楚,还未建立深水海底管道和立管工程设计技术体系等。此外,目前国内深水海底管道和立管工程设计所采用的标准和分析软件都来自国外公司,存在"卡脖子"的可能性。

2) 深水海底管道和立管制造技术

目前许多深水立管关键部件如柔性接头、应力接头、张紧器、抗弯器等国内还不具备制造能力,国内钢厂也缺乏制造深水立管用钢板和钢管的制造经验,已实现国产化的柔性管和湿式保温管距离深水应用还有一定差距。目前我国深水海底管道和立管制造方面"卡脖子"问题比较突出,影响我国深水油气田自主开发。

3) 深水海底管道和立管铺设安装技术

目前我国已基本掌握深水海底管道的铺设工艺,但在深水立管安装工艺方面基本处于空白,不具备深水立管铺设安装能力,缺乏大直径深水海底管道铺设经验。国外对我国实行技术封锁,严格保密核心技术,我国亟须依托现有深水铺管装备,开发自主的深水海底管道和立管铺设安装技术。

4) 深水海底管道和立管安全维保与完整性管理技术

深水海底管道和立管恶劣的工作环境条件使其面临更大的安全风险,需要建立综合海底管道和立管监测、检测、风险识别评估、维护、修复技术的深水海底管道和立管完整性管理系统,保证其安全运行。目前国内所建立的安全维保技术都是针对浅水海底管道和立管的,对深水海底管道和立管的安全维保和完整性管理技术尽管也开展了一些研究,但由于缺乏系统研究,还没有建立起深水海底管道和立管完整性管理系统。

9.2.2　我国的攻关方向

目前我国已进入南海深水油气田快速开发期,迫切需要解决制约我国深水油气田自主开发的深水海底管道和立管工程关键技术。

1）深水海底管道和立管工程设计技术

主要针对目前尚未掌握的深水海底管道和立管工程设计问题开展研究,开发具有自主知识产权的深水立管设计软件,建立深水海底管道和立管工程设计技术体系。攻关方向包括但不限于以下几项:

① 内波作用下立管涡激疲劳分析方法。

② SCR 触地区管土相互作用分析技术。

③ 高温高压和陡坡海底管道屈曲设计技术。

④ 深水海底管道和立管设计分析软件开发。

2）深水海底管道和立管制造技术

主要针对目前存在“卡脖子”风险的深水海底管道和立管管材关键部件国产化进行研究,打破对国外产品的依赖,提高国内企业技术实力。攻关方向包括但不限于以下几项:

① 深水立管关键部件柔性接头国产化。

② 高性能深水立管管材开发。

③ 适于深水应用的高性能柔性管和复合管开发。

3）深水海底管道和立管铺设安装技术

主要针对目前我国南海开发迫切需要解决的深水海底管道和立管铺设安装技术开展研究,开发深水立管铺设安装工艺,建立深水海底管道和立管铺设安装技术体系。攻关方向包括但不限于以下几项:

① S 形立管安装工艺。

② J 形海底管道和立管铺设安装工艺。

③ 厚壁管和复合管海上焊接和检测工艺。

④ 缓波形立管浮力块安装工艺。

4）深水海底管道和立管安全维保与完整性管理技术

主要针对我国南海深水油气田开发特点,建立综合海底管道和立管监测/检测技术、风险识别评估技术、维护修复技术等的深水海底管道和立管完整性管理系统,实现对深水海底管道和立管运行安全的智能管理。攻关方向包括但不限于以下几项:

① 深水海底管道和立管监测/检测技术。

② 深水海底管道和立管风险评估技术。

③ 深水海底管道和立管维保技术。

④ 深水海底管道和立管完整性管理系统开发。

通过以上的技术攻关,掌握深水海底管道和立管的设计、制造和铺设安装关键技术,开发深水海底管道和立管完整性管理技术,构建我国具有自主知识产权的深水海底管道和立管工程技术体系,为我国南海深水油气田自主开发提供技术支持,保证国家能源安全。

参 考 文 献

［1］ 2019 Deepwater solutions & records for concept selection［J］. Offshore，2019.

［2］ 2018 Worldwide survey of floating production，storage and offloading（FPSO）units［J］. Offshore，2018.

［3］ 2015 Deepwater production riser systems & components［J］. Offshore，2015.

［4］ 黄维平，曹静，张恩勇. 国外深水铺管方法与铺管船研究现状及发展趋势［J］. 海洋工程，2011，29（1）：135 – 142.

［5］ 宋儒鑫. 深水开发中的海底管道和海洋立管［J］. 船舶工业技术经济信息，2003（6）：31 – 42.

［6］ 黄维平，李华军. 深水开发的新型立管系统——钢悬链线立管（SCR）［J］. 中国海洋大学学报（自然科学版），2006（5）：686，775 – 780.

［7］ Recommended practice for flexible pipe：API RP 17B［S］. American Petroleum Institute（API），2014.

［8］ Recommended practice for flexible pipe：API RP 17J［S］. American Petroleum Institute（API），2014.

［9］ Design of risers for floating production systems（FPSs）and tension-leg platform（TLPs）：API RP 2RD［S］. American Petroleum Institute（API），1998.

［10］ Riser interference：DNVGL RP F203［S］. DNV GL AS，2017.

［11］ Bai Y，Bai Q. Subsea pipelines and risers［M］. Elsevier Science Ltd，2005.

［12］ 白勇，戴伟，孙丽萍，等. 海洋立管设计［M］. 哈尔滨：哈尔滨工程大学出版社，2014.

［13］《海洋石油深水工程手册》编委会. 海洋石油深水工程手册［M］. 北京：石油工业出版社，2012.

［14］ Otávio B S，Carlos E V，et al. Riser systems for deep and ultra-deepwaters［C］. OTC 13185，2001.

［15］ Sævik S，Ye N Q. 海洋工程柔性立管与海底管道设计及分析［M］. 成都：西南交通大学出版社，2016.

［16］《海洋石油工程设计指南》编委会. 深水油气田开发工程技术［M］. 北京：石油工业出版社，2011.